多元合造——民族高校建筑与设计教育探索

主　编　麦贤敏　赵　兵

副主编　罗晓芹　孟　莹

U0345289

科 学 出 版 社

北 京

内 容 简 介

　　高等学校在办学过程中往往结合自身特定的地缘、历史和人文背景形成独特的办学思想与人才培养体系。在教学质量评估及教学改革研究工作中，办学特色尤其受到重视。本书综合性地汇总了西南民族大学建筑类与设计类专业十余年来的办学经验，详细地阐述了民族高校围绕"当代视野、民族传承"办学思想所展开的教学研究与改革成果。本书共三部分，包括专业教学体系构建、课程改革与创新、实践能力与综合素质培养。

　　本书可供建筑类、设计类等相关专业高校教育管理者、教师及相关专业本科生阅读参考。

图书在版编目（CIP）数据

　　多元合造：民族高校建筑与设计教育探索/麦贤敏，赵兵主编. —北京：科学出版社，2019.2
　　ISBN 978-7-03-058971-2

　　Ⅰ. ①多… Ⅱ. ①麦… ②赵… Ⅲ. 建筑学–教学研究–民族学院
Ⅳ. ①TU-42

　　中国版本图书馆 CIP 数据核字（2018）第 223917 号

责任编辑：张　展　杨悦蕾 / 责任校对：雷　蕾
责任印制：罗　科 / 封面设计：墨创文化

科 学 出 版 社 出版
北京东黄城根北街 16 号
邮政编码：100717
http://www.sciencep.com
成都锦瑞印刷有限责任公司 印刷
科学出版社发行　各地新华书店经销
*
2019 年 2 月第 一 版　开本：B5（720×1000）
2019 年 2 月第一次印刷　印张：14
字数：282 千字
定价：89.00 元
（如有印装质量问题，我社负责调换）

前　　言

高等学校在办学过程中往往结合自身特定的地缘、历史和人文背景形成独特的办学思想与人才培养体系。在教学质量评估及教学改革研究工作中，办学特色尤其受到重视。

西南民族大学城市规划与建筑学院办学涵盖建筑学、城乡规划、风景园林、环境设计和产品设计五个本科专业。其中，城乡规划、建筑学专业是四川省"卓越工程师"教育培养计划立项专业，并分别于 2016 年、2018 年通过全国高等学校城乡规划、建筑学专业本科教育评估。学院办学立足民族高校，面向西南民族地区，融入时代发展，形成"素质培养与专业教育相结合、特色教学与本土实践相结合、科研创新与服务地区相结合"的办学思想；立足西南民族地区城乡建设需要，依托西南地区人居环境中民族及其聚落众多的重要特征，结合少数民族学生较多的生源特点，强化"当代视野、民族传承"的教学理念。

本书综合汇总了西南民族大学城市规划与建筑学院十余年的办学经验，展现民族高校的教学研究与改革成果。本书分为上、中、下三篇，包括专业教学体系构建、课程改革与创新、实践能力与综合素质培养。上篇整体介绍民族高校建筑类与设计类各专业人才培养和教学体系构建，分别对地域建筑学视角下的建筑学专业教学、面向民族地区人才需求的城乡规划专业人才培养、强调聚落景观特色教学的风景园林专业课程体系、企业式场景模式下的环境设计专业教育以及民族高校中产品设计学科的发展思考进行分析与讨论。中篇针对具体课程的改革与创新，展示多样化课程特色的探索，既包括各专业导论类的综合理论课程，又包括贯穿建筑类与设计类本科教学的设计系列课程等，全方位归纳与整理十余门优秀核心课程的教学改革实践。下篇针对民族高校人才培养的实践能力与综合素质，就人文精神培养、建造实践专业能力培养、多专业联合实践的综合素质培养等主题展开了进一步归纳与整理。

本书由麦贤敏教授负责主要的编著工作，参加编著的主要人员包括赵兵、罗晓芹、孟莹等。西南民族大学城市规划与建筑学院刘艳梅、陈娟、尹伟、李刚、蒋鹏等多位专任教师为本书贡献了其在多年教学实践中积累的探索与思考。教学秘书邓德洁、研究生陈成等参与了本书的资料整理及校稿工作。

本书受到国家自然科学基金项目"基于生活环境质量评价及情景模拟分析的

民族地区小城镇规划策略研究"（项目编号 51508484）和西南民族大学教学改革项目"民族高校建筑学专业卓越工程师培养模式创新与实践"（项目编号 2015ZD03）的支持。

由于编者水平与教研视野所限，书中难免存在不足之处，恳请广大读者批评指正。

目　录

上篇　专业教学体系构建

中篇　课程改革与创新

下篇 实践能力与综合素质培养

上篇　专业教学体系构建

西南民族大学建筑学专业特色体系建构

刘艳梅　麦贤敏　毛　刚

摘　要：特色办学是民族高校建筑学专业发展的必然选择。本文就近些年西南民族大学建筑学专业在教学实践中的探索，对建筑学专业特色体系建构的相关问题进行梳理，旨在抛砖引玉，为深入研究和探索特色办学的有效途径而努力。

关键词：民族高校；建筑学；特色课程；体系建构

1　引言

特色办学是高校科学发展、提升核心竞争力、提高学校美誉度的重要途径，并已成为当今我国高校发展所面临的重要问题。温家宝（2009）在科技领导小组会讲话"百年大计教育为本"中指出，"高等学校改革和发展归根到底是多出拔尖人才、一流人才、创新人才。高校办得好坏，不在规模大小，关键是要办出特色，形成自己的办学理念和风格"。由此可见，创新人才与特色办学有直接关联，"办出特色"不仅是高校发展的重要使命，更关乎我国高等教育水平的整体提升及国家的进步。学科发展也是如此，特别是对于新办学科来说，特色办学更是其发展的必由之路。西南民族大学建筑学专业办学晚、积淀少，与国内很多高校在软硬件上都有较大差距，但是学校也有其独特的民族资源和民族优势，为发展学科特色奠定了良好的基础，因而"办出特色"才是西南民族大学建筑学专业发展的方向。为此本文就近些年西南民族大学建筑学专业在教学实践中的探索，以及对学校建筑学专业特色体系建构中的积极尝试和存在的问题进行梳理，旨在抛砖引玉，为深入研究和探索特色办学的有效途径而努力。

2　特色的内涵

所谓特色就是一个事物相对于其他事物来说所特有的属性。它与同一性相反，强调事物之间的差异性。但仅仅是简单的差别还不足以称之为要追求的特色，不同高校都有或多或少的差别，只有这种差别能获得好的办学效果，受到普遍的认可和赞誉，并能使学校逐步发展为优势地位的时候，才能成为真正意义上的办学特色。所以特色不仅要做到"人无我有"，更应该做到"人无我优"。另外，特色的形成并不是一朝一夕的事，而是长期积累、探索、实践的结果，形成特色之后，它就具有相当的稳定性和可持续性，是经得起考验的。由此，高校学科特色就是该学科在高校长期的办学实践中逐步形成的、能稳定发展的、被师生与社会普遍认同的、取得办学成效和获得赞誉的、有别于其他高校同类学科的特征。所以，特色既是一个结果，又是一种过程。然而，"人无我有"的特质也让特色建设缺少直接借鉴的经验，因此建设难度加大，这就需要在学科建设和人才培养模式上敢于创新、凸显特色。所以，学科特色除了应该具有独特性、稳定性、美誉性等特性外，还应有创新性。

3 西南民族大学建筑学专业特色体系建构的背景

教育家潘懋元（2009）先生曾经说过："为了办出特色，形成自己的办学理念和风格，高校应当研究客观环境（经济、文化、生源）、社会需求（类型、层次、专业）、自身特点和优势（文化积淀、社会声誉、师资与特长以及校风），在各自层次和类型中办出特色。"所以，特色的确立需要立足现实条件，在合理定位的基础上，充分发挥地域、历史、教学资源、教学水平、服务领域等的优势，扬长避短，实事求是。

3.1 西南民族大学建筑学专业依托的客观环境

（1）独特的民族高校背景

西南民族大学作为国家民族事务委员会（简称国家民委）主管的我国最早建立的民族高校之一，对西南地区民族团结、民族发展发挥着重要的作用。经过60多年的发展，学校在服务民族地区、培养少数民族骨干人才以及研究民族理论政策和民族文化上，发挥着其他非民族高校不可替代的作用。一直以来，西南民族大学秉承"为少数民族和民族地区服务，为国家发展战略服务"的宗旨，坚持"科学发展、内涵发展、特色发展"的道路，贯彻"质量立校、人才兴校、科研强校、特色铸校"的理念，弘扬"和合偕习、自信自强"的精神，实施"一体两翼"的战略，在民族经济、民族旅游、民族文化研究和少数民族语言文字信息处理等领域取得一系列研究成果，在国内外学术界产生了较大影响。另外，学校拥有极富特色的民族博物馆和世界上规模最大的藏学文献馆、彝学文献馆。这些优势奠定了建筑学专业特色的发展方向。

（2）特有的西南地域优势

西南地区具有浓郁的民族风情和特色，四川、云南、贵州、重庆、西藏等地集中分布了 50 多个少数民族，民族种类众多，民族自治地区面积占比大。特殊的发展历史和民族文化造就了少数民族地区独特的建筑和聚落形态、城乡风貌，以及具有显著民族特征的地域建筑文化。这里建筑类型丰富多样，是学生认识民族建筑、教师研究民族建筑的宝库，地域优势突出。

3.2 西南民族大学建筑学专业自身的特点及优势

西南民族大学五年制建筑学本科专业依托城乡规划专业的办学条件，于 2008 年获得国家民委的批准，2009 年开始面向全国招生，截止到 2017 年已有连续 4 届本科毕业生。西南民族大学是民族高校中少数创办该专业的学校之一，且时间较早，因而特色建设上缺少可相互借鉴的成熟经验。另外由于该专业办学时间不长，无论从教学条件，还是教学积累、教学研究、科学研究等诸多方面，都还在起步阶段；同时，师资队伍年轻，缺乏学科、学术带头人，制约了教学和科研的发展，给特色建设带来诸多挑战。

但经过多年的建设，建筑学专业课程体系日渐完善，学科形成较为稳定的发展模式。建筑学专业在 2013 年成为四川省普通本科高等学校"卓越工程师教育培养计划"立项专业，同年列入西南民族大学"专业综合改革试点"项目。培养模式多样，现有建筑普通班、联合培养班（与湖南大学联合培养）、卓工班几种培养模式。学生积极参加各种竞赛及创新项目，并多次获奖。此外，每年均有多项学生项目在各级创新创业比赛中立项，且这些获奖和立项都与民族地区的建筑研究和设计实践相关。

多年来，西南民族大学建筑学专业立足西南，始终把目光聚焦在西南民族地区，尤其是川西高海拔民族山区的人居问题。专注于民居建筑地域特色之传承，致力于居住环境的更新研究，并在青藏高原东南缘，以及横断山区的藏族、羌族、彝族等聚居地区民居建筑领域有所突破，逐步在该领域形成研究特色和优势。

3.3 西南民族大学建筑学专业学科特色

综上所述，西南民族大学建筑学专业的学科特色就是立足于学校的区域定位，在已有的建筑学专业整体框架中，将民族性融入建筑学本身的特点中，形成具有民族特色的建筑学专业发展之路。主要体现在以下几个方面。

1）专业培养对象和服务区域的民族性。民族高校的办学方针和宗旨是为少数民族和民族地区服务，为民族地区培养人才，支持民族地区经济发展。正是民族地区特殊的自然条件和文化背景，以及它们对人才需求的差异性，决定了西南民族大学建筑学专业特色建设的基础。

2）专业研究领域的民族性。建筑本身就具有很强的地域性和民族性。特色建设就要求将民族地区特别是西南民族地区的建筑、聚落作为主要研究对象，展开相关研究，作为学科发展和课程建设的有力保障。

3）课程内容的民族性。少数民族地区具有特殊的地域环境，其经济、文化、历史等发展轨迹独特，与汉族的发展轨迹差异较大，传统的教材无法满足民族地区发展需要，因而需要在课程内容中增加民族地区的相关理论和研究。

4）课程实践的民族性。实践类课程是建筑学专业的特色课程，具有开放性和灵活性，可操作性强。在课程中加入民族地区的设计实践，不仅能增加学生对民族地区的认识和了解，还可以为建立基于民族地区及其历史与传统文化的理论体系作铺垫。另外，实践类课程综合性很强，可以用从教学实践中不断反馈得到的信息来完善学科体系的建设。

4　西南民族大学建筑学专业特色体系建构的表现

基于特色建设的认识，须全方位、多层次、逐步展开特色建设，做到"四个并重，两个保障"，即在教学中做到"基础与特色并重"，处理好共性与个性的关系；"科研与教学并重"，处理好民族理论与教学的关系；"实践与创新并重"，处理好实践与教学的关系；在方法上做到"改革与实践并重"，边研究、边改革、边实践，学会"摸着石头过河"。另外，在保障上做好师资保障和管理保障。

4.1　全方位、多层次的学科课程体系特色建设

特色建设是一个系统工程，最终反映在专业综合水平的全面提升和教学质量的整体提高上。课程体系是学科专业的整体建构，特色建设需要在整体的框架下，有序持续地开展。通过完善学科体系，形成专门的特色模块，在不同阶段的学习中系统地在课程设置中融入民族特色，如图1所示。以建筑设计主干课程为核心，分阶段进行特色建设，一、二年级通过以公共课为平台的民族理论、民族文化的学习，对民族地区及文化有基本的认识；三、四年级通过以专业课为平台的民族建筑理论、民族建筑设计等相关课程，加深对民族建筑的认识及增加对民族文化在建筑中传承的相关思考；五年级通过民族地区的工程实践，进一步认识民族地区的实际，以满足民族地区对人才的需求。通过理论类及实践类课程的全面配合，逐步完善课程体系的特色建设。

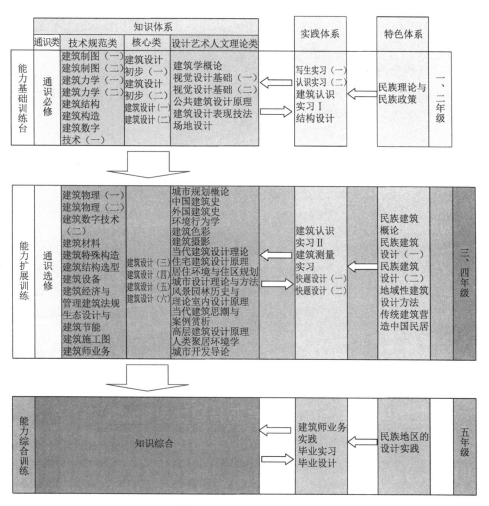

图1　建筑学专业课程体系

4.2　重改革、强创新的课程特色建设

课程是学科的基础，特色建设最终会落实到每一门课程的建设中。同时从每门重要专业课的教学实践入手，对学科体系提出要求，反过来完善学科体系建设。

特色建设可以分为两种：一种是特色课程建设，如民族建筑设计、民族建筑概论等特有的课程，基本都为新开课程，无参照可言，相对来说需建设的内容较多；另一种是课程特色建设，就是通过教学改革将民族特色融入已有课程的特色建设，一般都为已开课程，有相对完整的教学体系，通过改革创新教学内容、教学方法、教学环节等方面，实现特色建设。另外，理论类和实践类课程的特色建设也不同，理论类课程需要相关研究为支撑，建设时间较长、难度较大。实践类课程具有开放性和灵活性，特色建设较容易入手。尽管不同类型课程特色建设的重点和难度不尽相同，但基本上可以从以下几个方面入手。

（1）课程理论及教材的建设

民族建筑设计的相关理论是特色课程建设的基础，通过对已有研究和教学实践的梳理，完成相关课程教材的编著，是特色建设的重要任务。

（2）课程内容及教学环节的建设

首先，教学内容方面增加民族地区建筑、聚落、生活、习俗等与课程相关的内容，并努力将其贯穿到整个教学环节中。如住宅建筑设计原理课程中就可以适当增加民族地区住宅特色及与住宅发展相关的内容，让学生接触更多类型的住宅形态，并在对比中加深认识，也增加对民族地区住宅的感情。

其次，在课程设计中，可以选择如民族博物馆、民俗活动中心等直接反映民族文化的建筑类型作为课程设计对象；也可以在设计任务书上作一定调整，加大课程设计内容的灵活性，与民族地区相结合；也可以让学生自主选择设计基地，特别是对民族地区的选择。这样可以通过课程设计加深学生对民族地区的感性认识。

最后，尽量创造条件增加民族地区实地调研环节，并将调研活动纳入教学环节中，可以集体组织，也可以学生自发进行，发挥主动性，利用假期进行调研，完成相关调研报告。

（3）教学方法和教学手段的建设

教学方法和教学手段上，首先，强调教与学的互动，充分发挥学生的主动性，特别是民族地区的学生，要调动他们的积极性，如以这些学生为核心分组收集不同民族地区的相关资料，并在课堂上讲授，不仅可以发挥学生的优势，激发学生的兴趣和主动性，还可以丰富教学内容，增强学生之间的相互合作。其次，培养学生独立解决问题的能力，采取多种方式让学生主动去发现问题和解决问题。如采用问题式教学、情景式教学等多种方法启发学生。最后，强调实地调研环节，鼓励学生走出去，体验生活，感受实际的民风民俗，为设计做好铺垫。将教学与实际相结合，有条件要尽量到少数民族地区作调研，并与科研相结合。

4.3　产学研相结合的特色平台搭建

建筑学属应用型学科，实践性很强，因而产学研的结合是必不可少的环节，也是特色建设系统中的重要组成部分。

（1）以民族建筑、聚落为研究领域的科研平台的搭建

学院积极成立西南民族地区特色村寨保护与发展研究所等相关研究机构，并

以此为平台，鼓励师生以民族地区的研究项目为支撑，广泛开展民族建筑、聚落的相关研究。补充完善民族建筑的相关理论，这不仅是特色课程建设的直接支撑，也是民族地区工程实践的理论依据，是服务民族地区建设的重要保障。

（2）服务民族地区的工程实践平台的搭建

通过成立西南民族建筑规划研究所和湖南大学设计研究院西南民族大学设计研究分院，直接面向民族地区进行工程项目实践，服务于民族地区，也为学生提供参与实际工程项目的机会，提高学生的设计水平和服务民族地区的能力。同时为教学提供支撑，反馈信息促进教学改革，提升教学质量。

（3）学生创新平台的搭建

从地区特色入手，鼓励学生参与各种竞赛、创新项目的申报。提高学生对民族特色的认知和兴趣，将特色建设深入人心。

4.4 特色团队的组建

根据教学、科研、工程实践、学生创新等特色建设的要求，组建不同类型的教师团队，发挥教师的特长和专长，促进教师之间、学校之间的交流，为特色体系建设提供重要保障。

4.5 组织管理建设

通过制定组织管理政策，完善相关鼓励特色建设的评价和奖励机制，保障特色建设的顺利进行，这是特色体系建构不可缺少的。

5 结语

特色建设是西南民族大学建筑学专业发展的必由出路，同时特色建设任重而道远，机遇和挑战并存，既要看到不足，也要看到优势，勇于挑战，敢于创新，全方位、多层次地开展相关研究，努力探索特色建设的方法和途径，终能形成"人无我有""人无我优"的优势特色。

参 考 文 献

韩延明. 2010. 中国高校必须强力推进特色发展——研读潘懋元先生高校特色发展理论之感悟[J]. 高等教育研究, 31(8): 35-41.

李茂林. 1998. 民族院校要正确定位办出特色[J]. 中央民族大学学报（哲学社会科学版）, (3): 102-105.

刘艳梅, 杨旭明. 2009. 民族高校城市规划专业特色课程的建设与实践——以住宅与住区规划课程为例[J]. 西南民族大学学报（人文社会科学版）, (8): 73-75.

潘懋元, 王琪. 2010. 从高等教育分类看我国特色型大学发展[J]. 中国高等教育, (5): 17-19.

潘懋元, 董立平. 2009. 关于高等学校分类、定位、特色发展的探讨[J]. 教育研究, (2): 33-38.

温家宝. 2009. 温家宝在科技领导小组会讲话: 百年大计教育为本[EB/OL]. http://www.gov.cn/ldhd/2009-01/04/content_1194983.htm[2017-8-10].

荆其敏, 张丽安. 2001. 透视建筑教育[M]. 北京: 中国水利水电出版社.

杨胜才. 2007. 中国民族院校特色研究[M]. 北京: 民族出版社.

面向专业特色建设的城乡规划教学实践体系建构

——以西南民族大学城乡规划专业为例

孟 莹 文晓斐

摘 要：专业特色是民族高校的社会生存空间体现，而教学实践则是实现专业特色的有效方式。本文通过分析专业特色建设与教学实践的关系，结合民族高校的培养目标和社会服务定位，从提升学生专业综合素养和能力入手，利用存在的不同层次、不同类型的竞赛和调研，以国家战略、政策需要和教师科研内容为导向，构建多层次、全方位、系统化的特色教学实践体系，实现民族高校城乡规划专业特色建设的最佳路径。

关键词：规划教学；专业特色；实践体系

基金项目：2018 西南民族大学教学改革项目"基于专业特色的民族高校城乡规划设计课程数据化实践模式建构"（项目编号 2018ZD06）

1 引言

2008 年《城乡规划法》的颁布实施确立了两个转变：从以城市为主体向城乡整体空间建设转变，从物质形态规划向社会综合规划转变（马明等，2016），城乡规划学科从过去的工程技术型向研究综合型转变（殷洁等，2012）。对教学而言，就是培养目标的重构，即从注重学生设计能力的培养转变到注重学生综合能力的提高。在新的时代背景下，脱胎于传统物质空间的城乡规划学科，不但需要加强法律法规的应用，还要培养学生的社会管理能力等（朱琳，2014）。

因此，2012 年颁发的《教育部等部门关于进一步加强高校实践育人工作的若干意见》中，提出了高校要强化实践教学环节，明确了学校实践学分与教学学时之间关系的要求等。此后，地方相应的职能部门为配合教育部的要求，先后出台了"卓越工程师教育培养计划"。该计划对人才培养的要求，突出知识、能力、素养的全方位教育，尤其是把实践能力放在了首位（张洪波等，2014）。为此，许多高校先后修改和完善了自己的教学培养方案和教学执行计划，西南民族大学也是在这种背景和要求下，获得了省级"卓越工程师教育培养计划"项目的立项。

2 专业特色是民族高校城乡规划专业教学培养目标的立足之本

2.1 专业特色是民族高校城乡规划专业教学培养目标的灵魂

高校综合实力的差异，以及地方性和区域性高校的存在，导致了人才分层选拔的结果，也使设有城乡规划专业的高校需要立足自身学校定位，发展专业特色以寻找生存空间。民族高校以响应国家民族政策和适应民族社会文化为己任，突出民族社会文化和专业技术培养的双重目标。比如西南民族大学学生很大一部分来自民族地区，学校服务少数民族和少数民族地区的办学宗旨，决定了该校城乡规划专业的培养方向和教学特色。因此，服务民族地区是民族高校各学科的立足之本，也是各专业的特色所在，彰显了民族高校各学科的社会生存空间。但是，教学培养的周期性和社会经济变化的时效性之间的矛盾，又决定了学校在建构专业特色的同时，必须根植于民族地区社会经济发展的现实性需要，以系统化的教学实践方式和特色内容服务于民族地区。

城乡规划学科知识结构的开放性，决定了城乡规划专业所学内容的广泛性。城乡规划学科知识几乎涵盖了工程技术、社会科学、人文科学和自然科学领域的主要内容；而高等教育的四年或者五年学制年限决定了不可能在有限的时间内让学生穷尽所有知识，而且其他高校教学实践的普适性理论和民族地区地域对象的特色很难结合在一起，为民族高校城乡规划学科建立特色目标创造了条件。而且，全国高等学校城乡规划学科专业指导委员会（简称城乡规划专指委）规定，各高校根据学科特点，在兼顾不同培养层次基础上，除必须开设的 8 门核心课程，各学校可根据本学校教学状况和办学特点，开设一些特色课程，并对特色课程的建设提出具体要求和措施，为各高校自身教学特色建设留足了弹性空间。这既彰显了不同层次高校的办学方向，又满足了不同地域社会经济发展的不同需要。

2.2 教学实践是实现民族高校专业特色和社会服务的有效方式

实践教学不但是理论检验的平台，也是提高学生社会应用能力的手段，还是巩固理论知识、加深理论认识的有效途径（袁敏，2016）。城乡规划专业实践性强、知识范围覆盖广，为此，城乡规划专指委在教学培养计划中，明确规定了一些课程的实践学时和学分的要求，目的就是强化实践与理论的结合。民族高校城乡规划专业通常选定民族地区作为实践教学对象，积极建构具有民族性的特色理论，除了加深对民族地区社会文化等各方面的认识，还强化了与民族地区的感情联系，促进了学生对有关民族知识的积累。

完善的教学实践体系可以强化社会服务的弹性需要，把教学实践内容置于动态的社会经济变化过程中，这也是实现专业特色发展的路径之一。民族地区经济发展的阶段性、社会文化的多元性、资源生态环境的敏感性等特点的不同，决定了城乡规划专业教学手段和方法的独特性。因此，以民族地区作为城乡规划专业教学实践和服务的对象，本身就具有专业特色；而把社会服务引入教学实践内容，既能立足专业特色，又能保护和传承民族文化。

尤其是在当前新型城镇化建设背景下，针对民族地区的传统村落人口流失、产业发展、民族文化传承等内容，更需要民族高校不断深入实际，探索建立适应民族地区社会经济发展的模式；以技术创新和理论创新的高要求，去审视经济发展和民族文化传承与保护问题，承担民族地区城乡建设的重任。

3 城乡规划专业教学实践存在的困境与矛盾

3.1 教学实践的模块化致使实践方法和手段的系统化程度不足

在现有的学分制教学中，西南民族大学城乡规划专业按照不同的模块进行了教学实践分类，包括实验实践、课程设计、基地建设、毕业设计、认识实践等。具体到课程内容，课内教学实践隐含在总体规划、详细规划和专项规划等设计课程中，与之相对应的课外实践包括总体规划设计生产实践、控制性详细规划实际项目实践、基础设施建设的参观实践等方式。这些课程实践和模块实践的联系较弱，相互融合的方式和手段不够，导致针对专业特色的实践在层次和类型上不够丰富，从专业知识到综合能力的提高效果不够明显。

另外，教学实践通常是根据学时和学分的多少来实现教学目的的。限于学校对专业总学时和学分的限制，在一定程度上影响了实践教学必须满足一定时间才能达到教学效果的规律，导致课内教学实践的系统性和训练度不够。虽然也有通过课外教学来完善课内教学实践的缺陷，比如实习基地学习，但由于设计单位的市场化与学生所学知识结构的不足，学生很难深入参与规划实践的各个环节和过程。

3.2 教学实践内容与教师科研内容的分离

教师科研实践内容和实践方式也是实现专业特色建设的重要途径。在西南民族大学目前的教学实践中，学校没有把教师科研内容纳入教学实践体系，仅仅把教师作为传授知识的主体，把科研作为为教师教学提供新的前沿知识和教学素材的手段，也没有把学生主体融入科研实践过程中，缺失了由教师引导学生理性观察和敏锐思考的实践机会，致使在客观感知社会和物质空间形态时，学生很难用社会科学的范式认知物质空间的形成过程，以及用正确的价值导向实施规划理想的情怀。

教师科研过程可以修正理论教学的偏差，因此，把教学实践统筹在"从实证归纳到逻辑演绎"的科研实践环节，不但可以使学生注重科研内容与实践时序的前后关系，还可以强化解决问题与建构目标的逻辑机制，提升学生的综合素养。

3.3 教学实践内容针对社会和国家各种需要的实效性不强

目前，西南民族大学课堂教学实践是通过虚拟实践对象来建构教学目标的实践过程。而课堂上循序渐进性的分析很难适应国家和社会实践中现实性的、综合复杂性的问题，而且其逻辑机制与考量维度也完全不同。虽然城乡规划设计实践的表述方式是用物质空间图式语言，但国家和社会需要的是图式语言形成的内在逻辑。如果仅仅用图纸的空间形态表述物质表征，那么缺失空间形态形成的社会过程分析和实施过程中的矛盾，一定会形成空间组织和文化的矛盾及在空间中的社会矛盾。

目前，学校承接国家建设和政策规划的实践不足，城乡规划学科也很难把国家和社会的当下需求转化为实践教学内容，难以在教学实践与社会需要之间形成相互支撑的关系，导致教师引领前沿、科学服务社会的实践经验较少，反映到学生身上就是对分析问题、解决问题综合能力的训练有限。教学实践与社会实践的隔离致使特色教学内容外化和社会需要内化难以有效完成，一定程度上阻碍了西南民族大学城乡规划专业特色的发挥，也致使学生对社会需要的时效性在认识方面和训练程度上存在不足。

4 城乡规划专业教学实践体系的系统化建构

4.1 强化教学实践内容的层次性与不同实践类型的衔接

实践教学的系统性需要采取多元化的策略。首先，要强化学院内部教学和其他高校之间的联系和学习，既要有横向的高校联合，也要有纵向的校内落实。其次，积极参与校外社会实践，包括国家战略层面的专题调研、高等学校教学指导委员会的竞赛实践、科研院所的社会实践，还要广泛参与高校之间的联合毕业设计等。通过这些措施和方式，建构一个系统化的专业特色实践内容和教学效果检验机制。

围绕实践对象构建学校内部实践系统的层次性和关联性，不但包括教学团队建设、专题训练强度、课程实践之间的关联性，还包括教学培养、实践措施和实施方法等的层次性。所以，这既需要学校教务教学等行政部门的支持，也需要学校团委等行政部门的协作。落实在具体的实施措施上，就是把学科的实践建设分为三个方向：教学过程中的实践、学校或学院的社会实践、教师的科研实践。同时，把这三个不同的实践方式和不同课程有机结合，比如在美术课程教学实践中融入部分社会实践，在学院社会实践过程中结合教师科研实践。只有这样，才能保证多层次、循序渐进地实践教学安排，也才能使高等技术应用型人才具备所必需的、完整的、系统的技术和技能（李渊等，2016）。

4.2　把国家需要和学校责任内化为教学实践内容

专业特色是建立在民族地区的经济文化发展基础上的，需要结合国家对民族地区的政策扶持，把国家的民族政策与学校的教学实践结合起来，发挥民族高校的理论优势。依托民族高校学生的民族意识和身份认同，借助生源的广泛地域背景，在落实民族政策的实践中做到理论联系实际，实现高校的社会责任，强化学生对民族地区社会经济文化的了解。

通过把国家需要具体化为不同的实践内容，并将其融入不同的教学实践模块和学校职能部门组织的社会实践中，形成学生、教师、职能部门有机协调的团队建设，建立与地方需要匹配的实践运行机制。也可以根据实际情况，建立实践教学基地，把学生的认识实习、生产实习、社会调查、毕业实习、专业课程实习等布局在民族地区，最大限度地实现国家和地方政府层面对民族地区社会经济方面的支持（刘富刚等，2014）

4.3　搭建科研实践教学平台，统一学生教学实践与教师科研实践

通过导师制和项目立项制，学生参与教师的科研项目，允许教师把科研带入课堂教学中，最大限度地实现教学与科研的良性互动。通过教师"教"的角色定位，把学生从单纯在课堂上学的状态带入"研"的境界，实现学生"研"与"学"的双向培养。采取项目立项和学生创新的方式，把这些内容纳入课堂和教师的教研、科研体系，实施"政、校、企"联合实践模式（张守忠等，2017），通过横向和纵向的科研实践项目，分层推进实践平台建设。

当然，要准确定位学生知识结构的完善程度，实现不同年级、不同程度学生深度与广度的参与，同时在班级内部搭配好不同的分组，实现学生内部的交流互动，最大限度地消化吸收实践环节所应用到的知识，达到巩固更新知识的目的，实现专业实践的深层体验。教师科研项目的及时更新，可以配合社会的现实需要，

最大限度地利用各种社会平台和主体的时效性，让学生参与其中，做到对教学培养方案的及时修正，进而优化有专业特色的实践方式。

4.4 充分利用社会实践资源，优化教学实践方式和手段

针对民族高校的专业办学特色，从更多、更广的层面建构系统化的实践平台，具备真正的实践特色。鼓励学生参与各级大学生创新实践项目，引导学生参加由住房和城乡建设部、住房和城乡建设厅、中国城市规划学会和中国城市规划协会、城乡规划专指委等组织的各类竞赛，尤其是针对西部高校的"西部之光"大学生暑期规划设计竞赛等全国性比赛，还有多个高校组织的联合毕业设计等，强化在设计方法、设计理念上的相互学习、交流互通。

做到实践模块特色化的同时，进一步扩大实践模块的内容，从社会实践、专业实践、实验实践、综合实践等角度，建立课程实践平台、竞赛实践平台、调研实践平台、创新实践平台、社会实践平台和科研实践平台，把学校主体、学院主体和教师主体以及政府主体纳入专业特色建设的实践中，构建不同类型、不同内容、不同目标和不同训练的实践体系，既有专业的强化训练，又有社会性的现实需要，还有创新型的探索等，达到基础、专业、综合、创新的整体协调发展。

5 结语

特色是一个学科发展的灵魂，也是一个专业生存的基础。民族高校的地域性和民族性决定了其教学培养和实践的特色性方向。但是如何实现其特色，既要满足专指委对专业培养的要求，还要彰显民族性的特点，这就给出了明确的努力方向和实施路径。实践教学体系的系统化构建不但是对教学目标的检验，也是对科研内容的引领。完善的实践教学体系不但可以把校外社会环境和经济发展的需要内化为课堂从简单到复杂的教学实践过程，还可以把规划设计和管理单位的需要，结合课程设置内化为教学手段和方法措施，从而满足不同层级的社会需要。

无论是城乡规划专业的建筑测绘、认识实习、社会调查、生产设计等环节的实践教学，还是在课程教学中引入情景模拟、角色扮演等内容，采取校（设计院）内外双导师制，目的都是把实际的工程设计经验引入课堂教学，加强学生的实践体验，以多种方式强化实践的功效。而系统化的实践体系建构是把学生和教师、学校和社会、政府与市场、政策与措施等建构成实践统一体，把学校特色与专业特色融入国家、地方的发展过程，使学生真正具备城乡规划学科所必需的深厚功底、对社会学科的敏锐洞察力和人文学科的理想情怀；做到把

物质空间作为价值判断的对象和结果，采取理性的价值取舍导向，完成服务国家和社会的目标建构。

参 考 文 献

李渊，束良勇，舒永刚．2016．人文地理与城乡规划专业实践教学体系构建研究[J]．亚太教育，(8)：101-102.

刘富刚，祁兴芬，袁晓兰．2014．基于特色专业建设的人文地理与城乡规划专业实践教学模式——以德州学院为例[J]．高师理科学刊，34(6)：108-111.

马明，陈晓华．2016．论高层次应用型人才培养背景下专业课程优化——以城乡规划专业设计类课程为例[J]．应用型高等教育研究，1(3)：57-62.

殷洁，罗小龙．2012．构建面向实践的城乡规划教学科研体系[J]．规划师，(9)：17-20.

袁敏．2016．地方高校城乡规划专业实践教学的特色化探索——以长沙理工大学为例[J]．科技视界，(21)：58.

张洪波，姜云，王宝君，等．2014．基于"卓越计划"的城乡规划专业人才培养与教学对策[J]．高等建筑教育，(2)：16-19.

张守忠，王兰霞．2017．黑龙江科技大学人文地理与城乡规划专业实践教学构建[J]．安徽农业科学，(5)：247-250.

朱琳．2014．新型城镇化背景下城乡规划专业教学改革研究[J]．高等建筑教育，23(6)：8-10.

基于学科思维方法特点的城乡规划人才培养方向研究

聂康才　　文晓斐

摘　要：本文从城乡规划学科发展特点与趋向出发，从对城乡规划各阶段各层面的思维方法特点分析入手，指出城乡规划学科专业发展与人才培养在纵向上存在着内在的宏观综合性与微观设计性两种方法论特征，并基于这两种思维方法模式，在城乡规划一级学科指引下，提出在城乡规划专业高年级阶段进行人才培养方向分化的探索，形成两个人才培养方向的设想。一是以建筑空间、城市空间发展建设为核心，以中微观形态研究与设计性为特色的城市设计方向；二是以社会、经济、生态发展为核心，以宏观综合分析与论证性为特色的城乡综合规划方向。

关键词：城乡规划；思维方法论；城乡综合规划；城市设计

1　引言

后科学时代，科学技术呈现一体化趋势，相互影响、相互渗透，有时很难区分。在这种学科广泛参与、科学技术一体化的时代，在学科研究的外延不断膨胀的情况下，学科要发展，就要求学科核心知识体系或理论内涵明确清晰，思维内核统一。无论学科如何交叉，明确的研究范式是学科发展的基础。城乡规划学科在其发展过程中，虽已初步确立了研究对象，但规划理论纷繁庞杂、堆砌交织、包罗万象的问题却十分突出，给专业教育带来了相当大的难度。

城乡规划学科需要从思维方法论层面进行深入的理论内核与人才培养模式的梳理。当前，城乡规划无论是作为一门学科，还是作为一种社会实践，其内容任务、研究对象中存在着两类明显的思维方法范型，分析这种范型，理清专业工作各阶段、各层面的思维特点，对于厘清城乡规划学科理论与实践的内涵和学科专业教育具有重要意义。

2　概念界定

本文所说的思维方法论包括两层含义，一是思维模式、思维取向，二是方法论，在此仅指具体的观察问题、解决问题的思维方法，不涉及世界观。就当代学科发展历史来看，大多数学科都具有其特定的思维方法论，这种思维方法论是学科理论体系中最本质、最一般的内容，是学科核心理论体系的思维模式，或者说是学科内涵的内在反映，核心理论是思维方法论的外在表现，但是对于城乡规划学科与实践而言，这种最一般的内容却存在着较大的差异，呈现发散状态。

3 城乡规划学科的思维方法论特点分析

城乡规划在各阶段各层面呈现出不同的思维方法论特点，可以归纳为总体规划层面以及详细规划与城市设计层面两种思维模式，如表1所示。

从表1中可以看出，前一类思维模式主要是粗略的、宏观的、理性的、发散的，后一类则主要是精细的、微观的、感性的、限定的，后一类仍属于传统建筑学的思维模式。这两种模式在一个学科中，而且都起着举足轻重的作用，必然从思维根源上产生矛盾，这种矛盾是造成城乡规划专业人才培养各种困惑的根源，是制约学科发展的最本质原因。纵跨宏观、中观、微观及理科、工科、艺术、经济、管理的专业必然受到思维方法论发散作用的影响，要么"莫衷一是"难以形成核心专业知识体系，要么追求"大而全"而不堪重负。彼得·霍尔等（2014）说："理想的城市和区域规划师应该是一位好的经济学家、社会学家、地理学家和社会心理学家，而且要有若干其他必要的科学技术技能，如熟习土木工程和控制论。为了判断分析他所取得的信息的质量，他必须成为一位高超的统计学家和系统分析家，以便建立计算机控制系统和所要分析的有关事物之间的联系。"这样的人才知识体系显然不是短期培养所能具备的。

表1 城乡规划各阶段各层面的思维方法论特点

总体规划（体系规划）层面的思维方法论特点	详细规划与城市设计层面的思维方法论特点
粗略	精细
宏观	微观
战略性	实施性
动态性	静态性
经济论证性	工程技术性
有限理性与抽象逻辑性	感性与形象非逻辑性
预测性	现实性
发散性	限定性

一方面，城乡规划理论与思想最终必须通过建筑、工程技术描绘出来，另一方面，城乡规划又必须大量地、深入地研究城市社会、经济、生态规律，这

就形成了建筑、工程技术方法与社会经济生态研究两个核心。在建筑与工程技术范畴以物质形态规划为思维方法论基础，而在城市社会经济生态范畴则以经济社会方法论为基础。城乡规划学科的发展，一方面有赖于对建筑学思维的摆脱，另一方面又需要建筑与工程技术方法，这种学科现状在思维方法论层面产生了明显的分化。

4　城乡规划专业人才培养方向分化的思考

基于上述对城乡规划学科思维模式特点的分析，城乡规划专业人才培养体系有必要进行适度分化与实践分工，以解决以宏观、中观空间关系（或土地利用关系）为对象的与以微观、小尺度空间关系（或建筑空间关系）为对象的两种思维模式的纠缠。

为了解决这一问题，必须从思维方法论模式出发由内及外地理顺专业内核，以城乡规划学科一级学科为基础，在城乡规划专业高年级阶段进行人才培养方向的探索，分化并梳理各层次研究与实践对象，确定核心任务，变发散的多向力为同向的推动力，对传统规划人才培养进行适当分化、重构与整合，在"大、全、广"的综合化与"精、细、专"的专门化之间作出选择。

依据思维方法论特点，进行学科内在的分化，分解当前的城乡规划专业内容，引入区域规划，并结合城市设计构建城乡综合规划方向与城市设计方向两个人才培养分支。分化后的城乡综合规划方向包括区域规划、总体规划（含城镇体系规划）、分区规划，城市设计分支则包含详细规划设计、城市空间设计的内容，如表2所示。分化后的城乡综合规划分支以宏观、粗略、理性、预测性、战略性、发散性为思维特点，而城市设计分支则以微观、精细、艺术性、确定性、技术性、限定性为思维特点。

表2　城乡综合规划及城市设计人才培养分支构想

项目	城乡综合规划方向	城市设计方向
学科分支研究对象	城市及区域的宏观空间关系规律	工程及建筑空间关系规律
专业内容与任务	区域规划、城镇体系规划、总体规划、城市发展规划与论证	详细规划、总平面设计、城市设计、建筑外环境设计
思维方法论特点	宏观、粗略、理性、预测性、战略性、发散性	微观、精细、艺术性、确定性、技术性、限定性
专业教育核心内容	经济、地理、生态等	建筑、艺术、工程技术等
人才培养模式	学者以及论证型、预测型、分析战略综合型的广博人才	艺术技术型、细致深入的设计型专业人才

5 城乡规划学科专业教育模式构想

分化后的学科专业教育方向更为明晰，从城乡综合规划和城市设计两个不同的方向分别构建相应的知识体系和培养模式，如表 3 所示。

表 3 专业教育阶段（方向）模式构想

项目		城乡综合规划阶段（方向）	城市设计阶段（方向）
专业教育基础		经济、交通、土地、地理、生态	建筑、艺术、人文、社会
专业教育核心	操作层面	区域规划、城乡发展规划、土地使用的配置、交通运输网络的架构等	详细规划设计、各层次城市设计等
	理论层面	城市经济学、城市地理学、城市交通、城市生态、环境科学等	建筑艺术理论、社会学、行为科学、心理学等
人才培养模式		分析论证型——土地使用核心	设计技术型——空间组织核心
核心课程体系		经济类、地理类、环境类、规划原理类	建筑类、艺术类、设计类、设计基础理论类
人才特点		具备宽广知识体系和战略眼光的分析预测型的综合型人才	具备扎实的具体规划设计能力的技术艺术型的专门人才

基于不同的培养目标，城乡规划的两个方向所需的专业基础知识各有侧重，城乡综合规划方向需要从经济、交通、土地等方面进行专业基础教育，而城市设计方向则更侧重于建筑、艺术、人文等基础知识的摄取。专业能力培养方面，城乡综合规划方向侧重于培养具有分析论证能力，具备宽广知识体系和战略眼光的分析预测型的综合型人才；而城市设计方向则侧重于培养具有空间设计能力，具备扎实的具体规划设计能力的技术艺术型的专门人才。

在两种教育模式下，构建不同的城乡规划专业教学体系。在理论层面，城乡综合规划方向以城市经济学、城市地理学、城市交通、城市生态、环境科学等为核心内容，城市设计方向则以建筑艺术理论、社会学、行为科学、心理学等为主要内容。在操作层面，城乡综合规划方向以区域规划、城乡发展规划、土地使用的配置、交通运输网络的架构等为主，而城市设计方向以详细规划设计、各层次城市设计等为主。

参 考 文 献

彼得·霍尔，马克·图德-琼斯. 2014. 城市和区域规划[M]. 5 版. 邹德慈，李浩，陈长青译. 北京：中国建筑工业出版社.

樊海强. 2014. 浅析城乡规划教育改革的趋向——基于城乡规划调整为国家一级学科的思考[J]. 华中建筑，(4)：162-165.

高等学校城乡规划学科专业指导委员会. 2013. 高等学校城乡规划本科指导性专业规范(2013

年版)[M]. 北京: 中国建筑工业出版社.

吕静, 公寒. 2015. 城乡规划专业设计主线课程群知识点体系优化研究[J]. 吉林建筑大学学报, 32(2): 101-104.

杨俊宴, 高源, 雒建利. 2011. 城市设计教学体系中的培养重点与方法研究[J]. 城市规划, 35(8):55-59.

袁媛, 邓宇, 于立, 等. 2012. 英国城市规划专业本科课程设置及对中国的启示——以六所大学为例[J]. 城市规划学刊, (2): 61-66.

郑德高, 张京祥, 黄贤金, 等. 2011. 城乡规划教育体系构建及与规划实践的关系[J]. 规划师, 27(12): 8-9.

风景园林专业"聚落景观"特色课程体系研究

——以西南民族大学风景园林专业为例

曾昭君　麦贤敏

摘　要：新时期背景下，乡土聚落的保护与利用成为社会关注的热点。聚落调研是人居环境理论研究的重要基础工作，风景园林作为人居环境科学中重要的学科分支，在其专业教学过程中纳入聚落调研的内容对学生专业培养具有重要的意义。在新时期背景下，由于传统教学多聚焦于现代风景园林规划设计的理论与方法内容，而忽视对传统聚落调研能力的培养，因此急需对如何构建风景园林专业的聚落景观课程体系展开研究。本文首先分析了风景园林专业在聚落景观领域的教学现状和存在问题，其次构建了风景园林专业的"聚落景观"特色课程体系，最后以西南民族大学风景园林专业为例进行教学实践。研究结论可为我国高校风景园林专业在"聚落景观"教学方面提供参考。

关键词：聚落景观；风景园林；课程体系；教学实践

基金项目：2016 年中央高校基本科研业务费专项资金项目青年教师基金项目"基于 GIS 的川西北民族地区小城镇绿色基础设施规划关键技术研究"（项目编号 2016NZYQN01）

1　聚落景观与风景园林

随着国家扶贫政策、"美丽乡愁"理念的提出，聚落景观研究正成为人居环境科学中的重要话题，这对人居环境科学的教育、研究、实践都产生了巨大影响。

风景园林学科作为人居环境科学的重要组成要素（吴良镛，2001），在聚落景观的保护与利用方面承担着重要的作用。金其铭（1988）认为，聚落是人类活动的中心，是人们居住、生活、休息和进行各种社会活动的场所。聚落是地表重要的人文景观，反映了人类活动和自然环境之间的综合关系。已经有大量的风景园林学者投入聚落景观的研究与实践中。如徐慧等（2016）从风景园林视角对黄土高原的乡土景观要素特征进行研究；李畅等（2015）以巴渝乡土聚落景观为例研究了不同尺度下乡土聚落景观的场所性认知图式；侯晓蕾等（2015）从风景园林的角度，借鉴了荷兰代尔夫特理工大学等国外机构对乡土景观的相关理论和设计研究，结合国内实际情况和作者的相关研究及实践，提出了乡土景观的研究方法；钱云等（2014）从风景园林视角提出了乡土景观研究的初步框架。然而，在多数高校的风景园林专业课程体系中，乡土聚落相关教学仍为缺失状态，呈现出教育与研究实践脱节的状态。因此，针对风景园林专业，对聚落景观教学内容展开研究，构建适合风景园林专业学生的教学体系，具有重要的理论与实践意义。

2 国内外风景园林专业聚落景观教学现状

从《高等学校风景园林本科指导性专业规范（2013 年版）》的内容来看，其中未出现聚落景观的教学内容，只有核心内容——风景园林遗产保护与管理的内容中出现了"乡土景观"一词，该规范中指出，风景园林遗产保护与管理主要研究世界自然遗产、文化遗产、混合遗产、文化景观遗产、风景名胜区、乡土景观保护等。在学士阶段核心课程的核心知识点中，却未出现乡土景观或聚落景观的相关词汇。由此可见，该规范作为各个高校开展教学工作的重要指导依据，其对聚落景观内容的忽视造成了国内高校对其教学的缺失。目前国内大多高校没有明确的有关聚落景观的课程，主要通过以下三种方式对本科生进行相关理论与实践教学。①教师研究课题。随着高校教师对聚落景观研究兴趣的提高，在相关课题的支撑下，教师带领本科生或研究生开展聚落景观调研工作，如清华大学风景园林学科、北京林业大学风景园林学科，本科生在其中主要承担基础调查工作。这种方式对本科生初步了解聚落景观有一定帮助，但缺点是受到训练的学生较少。②高校学生团体。由对聚落景观感兴趣的学生组成社团，如清华大学的"爬山虎"社团、北京林业大学的"乡愁"社团等。学生社团主动对国内外不同的聚落进行调查，并通过公众号的形式进行宣传。这种方式对本科生来说掌握了主动权，培养了自主开展聚落调研的能力，对学生综合素质的提高有极大帮助，但仍然存在人数少且难度大、无法普及的问题。③学术讲座。主要通过邀请国内外学者开展讲座讲解聚落景观的相关理论与实践，这种方式受众很广，但是是一种被动教学的方式，学生难以对相关知识感同身受。总体来说，聚落景观的相关教学已经出现，但尚未普及，且往往依托不定期的课题项目，未形成完整持续的教学体系。但是，随着社会发展，无论在科研或行业领域，聚落景观保护与利用的相关研究与实践都逐渐成为社会的热点，本科教学中对聚落景观内容的重视和普及对学生的深造和就业都有重要的意义。

3 风景园林专业聚落景观教学体系构建

聚落景观课程体系仍属于风景园林遗产保护与管理这一核心知识领域，教学目标旨在体现人居环境科学跨学科的特点，开拓学生对风景园林的认知范畴，提高学生对传统文化空间表达的认知和理解。在此目标下开设聚落景观相关理论课程和实践课程作为专业必修课或选修课。

3.1 理论教学

聚落景观是地域文化与环境的综合体，内容上具有系统性，在职能上、地域上、美学艺术价值上和历史文化价值上都是完整的，具有一套相互配合的社会历史自然组合功能，同时聚落的内部景观和外部景观联系错综复杂，其本身就是一个包含不同大小、功能、层次的系统工程。因此，教学内容上既要体现出系统性，又要体现出风景园林的侧重点。同时，聚落景观具有地域性的特点，各学校可以根据自身地理位置的特点开设具有地域特色的理论课程。

3.2 实践教学

聚落景观是人居环境科学的主要内容，是城乡规划、建筑学、风景园林共同研究的对象，但也各有侧重点和扩展方向，即在尺度上、方法上、专业内容上、技术上各有不同。对于风景园林专业来说，要融合生态学等观念的发展，从咫尺天地走向"大地园林"，既有个人生活环境的研究，也有整个聚落自然格局的研究，因此教学内容也应呼应风景园林学科的特色。按照聚落景观涉及的尺度，可以将调研内容分为山—水—田—聚落景观格局、聚落内部开放空间格局、院落景观模式、乡土植物、原住民访谈五个层级。

3.3 教学体系框架

根据以上论述将风景园林专业本科阶段的聚落景观课程体系整理如图 1 所示。

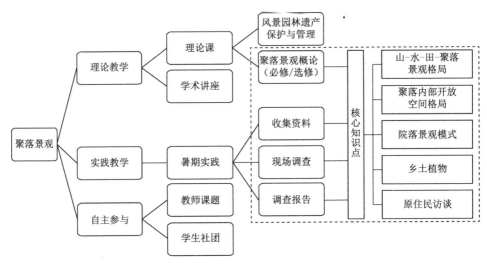

图1 聚落景观课程体系图

4 聚落调研教学实践

风景园林专业充分重视实践教学和理论教学的紧密配合，在实践教学方面充分强化为民族地区服务的办学宗旨。比如在风景园林认知实习中加入了民族园林参观的环节，在测绘实习中针对民族地区聚落景观、民族景观建筑进行测绘调研；依托西南民族大学"青藏高原实践基地"，在藏、羌等少数民族聚居地区建立体现民族地区特色的园林植物教学实习基地和训练基地。促进民族地区城镇景观建设和少数民族传统文化的保护与传承，为民族文化艺术创新实践研发基地的发展壮大提供应有的支撑。

4.1 理论教学实践

西南民族大学风景园林专业充分利用学校民族学的学科优势，以及在民族建筑规划和环境艺术方面形成的办学特色，在开设教育部制定的核心课程的前提下，设置民族建筑设计、民族建筑概论、少数民族聚落保护规划等特色课程。尤其是少数民族聚落保护规划这门课程，将聚落景观相关理论知识作为课程的基础。除课堂教学外，还邀请聚落景观相关学者为风景园林专业学生尤其是即将参加暑期调研的学生举办学术讲座。

4.2 暑期调研实践

暑期调研是西南民族大学城市规划与建筑学院开展聚落研究工作的主要实践内容，风景园林专业学生在大三暑假完成这一内容。为体现民族高校的特色，每年选取少数民族聚落作为师生调研的对象。调研过程中,风景园林专业学生和城乡规划专业、建筑学专业学生相互配合,同时体现学科特色。实践内容主要分为三个阶段:收集资料、现场调查、调查报告。以 2016 年暑期风景园林专业 2014 级泸州少数民族村寨调研为例(图 2),在调研前期,学生首先对即将调研的聚落进行资料搜集,包括地形图、历史文化、人口特征等基础数据,对调研对象有初步认识,并提前拟写调查问卷。调研过程中,风景园林专业学生在配合建筑学、城乡规划专业的学生完成共同内容如核对聚落地形、民居变迁等后,独立完成专业实践要求的调查内容,主要包括山—水—田—聚落景观格局图、聚落内部开放空间格局图、院落景观模式图,以及名木古树分布图。在调查过程中,同时发放调查问卷并进行深度访谈,为后期分析聚落特征的形成机制准备参考资料。从调研现场返回后,学生汇总数据,完成调查报告。学生利用暑假时间进行相对完整的聚落景观调研实践活动,对人居环境科学的整个知识体系有了初步认知,宏观地理解了风景园林在聚落景观知识体系中的角色和内容,拓展了风景园林专业的知识范畴。

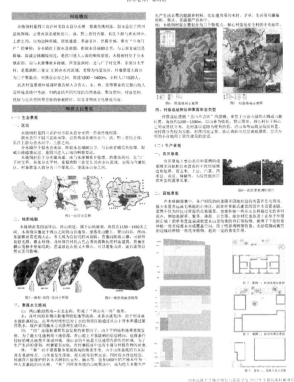

图 2　风景园林专业学生调查报告成果展示

5　结语

　　本文首先阐述了聚落景观与风景园林专业的关系，提出风景园林专业作为人居环境科学中的三大体系之一，十分有必要普及聚落景观相关内容的教学工作。分析了当前国内风景园林本科阶段关于聚落景观的教学现状：主要以教师研究课题、学生社团或学术讲座三种形式为主，呈现出普及率低、体系不完整的特点。由此构建了风景园林专业的聚落景观教学课程体系，并以西南民族大学风景园林专业为例，阐述了该专业在聚落景观课程体系方面的具体实施内容。研究结论可为其他高校开展相关教学活动提供参考。

参 考 文 献

陈娟. 2014. 民族院校风景园林专业发展路径探讨——以西南民族大学风景园林专业为例[J].

金田, (10): 301-302.

侯晓蕾, 郭巍. 2015. 场所与乡愁——风景园林视野中的乡土景观研究方法探析[J]. 城市发展研究, 22(4): 80-85.

金其铭. 1988. 农村聚落地理[M]. 北京: 科学出版社.

李畅, 杜春兰. 2015. 乡土聚落景观的场所性诠释——以巴渝古镇为例[J]. 建筑学报, (4): 76-80.

钱云, 庄子莹. 2014. 乡土景观研究视野与方法及风景园林学实践[J]. 中国园林, (12): 31-35.

吴良镛. 2001. 人居环境科学导论[M]. 北京: 中国建筑工业出版社.

徐慧, 张晋石. 2016. 风景园林视角下的黄土高原乡土景观初探[J]. 城市建筑, (29): 232-234.

企业式场景模式下陈设艺术设计教学的新思考

李　刚

摘　要：陈设艺术设计是近年来室内设计的一个新兴的专业门类，因为该类设计具有很强的实践性，所以很多高校都开设了该门课程，并将学生的应用能力培养作为教学的重点。企业式场景模式是一种旨在提升学生设计实践能力的新型教学模式，该模式在教学目标、教学方法、教学评价等多个环节进行积极的完善和革新。

关键词：企业场景模式；陈设艺术设计；室内设计教学

1　企业式场景模式的含义

所谓企业式场景模式，就是将设计教学和设计企业紧密结合的一种教学模式。相对于室内设计的专业特点来说，室内设计专业的培养目标是培养具有丰富理论知识和扎实设计技能的专业人才，以能够独立自主地完成某一项设计为标准。众多设计型企业需要的也正是这种人才。这种培养目标和现实需要的一致性，也就为企业式场景模式的构建打下了基础，具体来说，其包含两层含义：一个是在整个教学过程中，如教学目标、教学实践、教学评价等环节，都将企业的因素注入其中，就像包豪斯一样，整个专业的理论教学和具体实践是难分彼此的。另一个是校内企业的创办，这无疑是前者的加强和深化，真正实现了校内教学和企业需要的无缝衔接。这种模式能够从根本上消除传统教学中"重理论而轻实践"的弊端，全面提升学生的应用能力，使他们毕业后能够迅速为企业所青睐，进而获得更加广阔的发展。这不仅是一种符合室内设计教学本质规律的教学模式，更是一种科学的、有着多方面积极意义的教学模式。

2　当代陈设艺术设计的复兴

陈设艺术设计是指在室内设计的过程中，设计者根据环境特点、功能需求、审美要求、工艺特点等因素，精心设计出高舒适度、高艺术境界、高品位的理想环境的艺术。如同绘画艺术一样，它伴随着人类的居住发展史和艺术史自然演化至今。我国的现代陈设艺术设计教学，发端于 19 世纪 80 年代初期的装饰与装潢专业（即今天的室内设计专业），改革开放以来伴随着国民收入的稳步增长，人们对室内外陈设艺术有了更新的设计创造和审美追求，大国崛起的背景和网络时代的到来更是让国民有了一种将"世界之美置于室中一隅"的日常生活审美愿景，我国源远流长的历史文化和各个时期的室内美学与世界文化交融呼应，今天的室内设计已不再是简单学习装修的技能，而是先从陈设的艺术语言出发进行审美形态的个体研究，打破众多传统意义上的审美视角并提出创新的艺术语言，进行空间形态的设计整合，这就形成了从开始时是功能决定形式，还是审美决定形式，到形式决定空间的演变历程，这使得室内设计的审美属性在本质上发生了变化，这个现象被通俗地概括为"轻装修，重装饰"，从当代室内装修工程程序的标准化与材料生产中工艺的模块化发展来看，基本装修材料成本的下降、装饰工艺的成熟、审美需求的个性化带来了当代陈设艺术设计的复兴。

3 实践场景模式下陈设艺术设计模拟教学的思考

3.1 教学目标方面

在陈设艺术设计教学中引入企业场景模式，首要解决的就是目标问题，即引入该模式能够达到怎样的效果就是目标问题。达到怎样的室内设计实践效果从本质上来说就是一门技能教学，学生只有在实际的设计中才能不断地积累经验，不断地发展和完善。而用人单位也是如此，没有哪一个用人单位希望招到的是只会纸上谈兵的偏才，只有拿出实际的作品，才能满足用人单位的需要。所以说，引入该模式就是要提升学生的应用能力，让实践贯穿于整个学习过程，通过在多个环节上与企业接轨，让学生紧跟行业的发展动态，尽可能帮助他们实现毕业和就业的无缝衔接，既能够满足用人单位的实际需要，又能为今后的个人发展打下良好的基础。

3.2 教学方法方面

传统的陈设艺术设计教学中，教学方法都是以讲述法为主，即教师进行理论教学，学生再根据所学到的理论进行创作，这其中就存在一个滞后性的问题。而企业场景模式则要求对这种传统的教学方法进行革新。首先是一些新型教学方法的运用。企业场景模式要求将课堂视为一个"工作坊"，学生要边学边做，所以教师将理论知识和实践技能紧密结合。学生每学到一种新的知识，都可以以专题的形式及时应用于实践中，有效避免了之前实践的滞后性，也避免了纯粹理论学习所产生的枯燥和乏味。具体来讲，培养学生从学习陈设艺术美学理论知识入手，强化主动性的审美情绪，并将其应用到空间形态的艺术感知的训练中，在企业场景模式下要求教师主动运用一些新的教学方法，真正与这种模式相适应。

3.3　师资建设方面

在企业场景模式下，教师的角色发生了明显的变化，其中最重要的就是教师实践能力的提升。受到历史等多种因素的影响，当下高校室内设计专业的教师，与他们所教的学生走过的是同样的道路，在本科和研究生阶段，也没有接受过系统和正规的实践训练。近年来教育部门大力倡导"双师型"师资建设，原因就在于此。"双师型"师资建设要求教师既要有系统和丰富的理论知识，又要有扎实和熟练的实践技能。所以教师也应该及时认识到其中的重要性，尽快提升自己的实践能力，真正满足教学的需要，同时也为学生做出表率和示范。具体实行方式也是多样化的，比如可以经常参加一些设计大赛，到企业去顶岗实习等，使自己的知识和技能始终与行业发展保持一致。另外，企业场景模式的构建使学校和企业之间有了更为密切的关系，对此学校可以采用多种方式，将企业的一线人员请到学校中来，既可以定期开展讲座，又可以和校内导师一起，直接指导学生的专业创作。这些一线设计人员的到来能够让学生对行业发展以及企业的真实需要有更为直观的认识，而不是之前的纸上谈兵和闭门造车。所以说，在企业场景模式下，既需要校内教师专业技能的不断提升，尤其是现在很多高校都设有环境设计、产品设计等近似学科，有许多课程是交叉的，比如三大构成阶段的课程创新就可以打响同类属性的第一枪，这样的属性使得陈设艺术设计的创新思路更加清晰。同时也要将一线的设计者请到学校中来，让设计者与教师拟定一个方案并共同解决方案设计上的问题，不同的角度、相似的方式都将对学生的学习产生影响，切实推进学生的专业发展。

3.4　教学评价方面

教学评价也是教学中的一个重要环节，具有激励、导向、反馈等重要作用，特别是作为陈设艺术设计来说，设计效果的好坏对人们的生活有着重要的影响，所以通过教学评价，让学生了解到自己真实的能力和状况就显得尤为重要。在传统教学中，教学评价环节一直没有得到充分的重视，一方面是多以理论考核为主，另一方面则是没有将评价落到实处。所以在企业场景模式下，教学评价环节的变革也是刻不容缓的。具体来说，首先是评价主体的转变，传统教学中，教师是唯一的评价者，而一个教师面对众多学生，很难做到评价的公平、公正和公开，如果评价结果和学生的心理预期相距甚远，那么将对学生的学习态度产生不利影响。

而设计企业可以将一些新型的教学方法介绍到课程中来，如项目实践教学法，这是一种在设计教学中备受推崇的教学方法，与企业场景模式是一脉相承的。教师可以将一个个虚拟或真实的项目引入教学中来，在进行相关理论的讲述之后，让学生以小组合作的形式完成。教师则予以全程的关注和引导，帮助学生解决一些实际的困难。在创作结束后，则可以举办专题的研讨会，创作者阐述自己的创作理念、特点、风格等，评论者则可以说出自己的看法和感受，最后再由教师进行总结。从中可以看出，这种教学方法最大的优势就在于企业场景模式下，可以通过企业设计者的引入改变这种单一的状况。比如在设计作品的评价中，可以让企业设计者从他们的角度给出评价，企业设计者所提出的许多问题都是实际操作过程中与客户（业主）最直接、最实际的评介，同时与教师评议相结合。另外是评价方式的多样性，传统的评价方式多采用量化方式，但是一个简单的分数并不是学生真实水平的反映。对此应该探索更加多元的方式，比如学生的某一个作品在比赛中获得了好成绩，受到了客户的肯定并产生了经济效益等，都应该成为评价的重要参照，同时也向学生表明了学校和教师支持他们参与实践的态度。所以说，教学评价环节和企业场景模式也有着十分密切的关系。

3.5 教学实践方面

"说三遍不如做一遍"。企业场景模式的构建，从本质上来说就是一种实践模式的构建，而为了使这种模式发挥出更佳的效果，需要学校积极做好各种配合工作，使这种场景模式更加真实和完善。比如艺术工作室的建立，可以由教师牵头并尊重学生的意愿。虽然是在校内，但是工作室却是面向全社会的，既可以从企业手中接项目，又可以通过自己联系获得全新的项目。如果实现了经济效益，再按比例进行分配。需要指出的是，在工作室建立初期，是需要学校大力支持的，学校应该拿出专项资金，用于工作室场地和设施建设，努力创造一个便捷条件，使工作室尽快走上正轨。另外，学校还可以将企业建设成为校外的实训基地，定期安排学生去企业实习，既满足企业的用人需要，同时又锻炼了学生的实践能力，可谓一举两得。所以说，企业场景模式的构建仅仅是一个开端，还需要学校和教师积极做好各种配合工作，使这种模式在培养学生实践能力方面的作用得到最大化的发挥。

4 结语

综上所述，近年来，在高等教育快速发展、学科竞争日趋激烈的背景下，陈设艺术设计教学也获得了长足的进步。我国自 1998 年开始便陆续涌现出许多以本民族文化为内核、结合东西方审美、古典与现代兼收并蓄、成就卓著的陈设艺术大师，如以梁建国先生为代表的新东方陈设艺术美学大师，以及艺术高校培养出的一大批优秀的设计人才，从这些人才的发展轨迹来看，他们具备扎实的知识储备和熟练的应用能力，这正是其受到用人单位青睐的重要原因。由此可以看出，在室内设计教学中引入企业场景模式，既是必要的，更是必需的，以帮助学生掌握更多实用的知识和能力，成为高水平的应用型人才，同时也帮助学生实现毕业和就业的无缝衔接。

参 考 文 献

黄艳. 2006. 陈设艺术设计[M]. 合肥: 安徽美术出版社.

李玉萍. 2011. 高职室内设计教学的改革与方法[J]. 美术大观, (6):188-189.

吕红. 2011. 室内设计系列课程教学的过程优化[J]. 艺术与设计(理论), (6):132-134.

苏丹. 2014. 中国环艺发展史掠影——迷途知返[M]. 北京: 中国建筑工业出版社.

高校环境设计专业教育发展初探

耿　新

摘　要：环境设计是一门多学科交叉的新兴学科，改革开放以后，从最早的环境设计专业开办以来，我国艺术设计教育学科经过了 30 多年的发展，但从教育模式上来看，各个高校基本相似，课程安排与教授方向也出现了一些问题。环境设计专业教育需要可持续发展的生命力，系统地分析教学中出现的问题，务实地解决问题才能使该专业更好地发展。

关键词：环境设计专业；现状问题；教育发展

我国环境设计专业是从工艺美术专业中细分出来的。从 1903 年南京三江师范学堂的图画手工科（图 1）到 1949 年中华人民共和国成立之后工艺美术教育体系开始逐步建立，再到 20 世纪 80 年代随着国家改革开放和国民审美意识的提高，工艺美术专业开始被国民普遍地接受和认识。同时期受西方设计教育体系影响，我国各大美术学院，师范类、综合类高校开始纷纷在相关学科建设中建立环境设计或相关艺术设计专业。第一个开办环境设计专业的学校是浙江美术学院（现中国美术学院），由吴家骅教授在 1984 年筹办，学科在美术教育的基础上将建筑、室内设计、景观设计联系起来，发展出一个跨学科的教育模式，自此工艺美术的称谓也由艺术设计逐步替代，从专业定位与方向上，把艺术设计又分为视觉传达设计、动画设计、工业设计、产品设计与环境设计。

图 1　1903 年南京三江师范学堂

近两年，随着国家改革开放的深入发展，人民生活水平不断提高，社会对设计专业也开始出现更具审美情趣的意识，从大众化到个性化，从功能化到艺术化，从简易化到精细化。环境设计开始成为一个被大众所熟知的热门专业。

1 高校环境设计专业教育现状

1.1 高校环境设计专业课程体系

目前国内高校对环境设计专业教育模式在课程设计上所达成的共识是，一般将其分为四个阶段进行，即公共基础课、专业基础课、专业设计课与毕业设计创作。第一阶段公共基础课以美术课的教育为主，课程设计包括素描、色彩和速写。第二阶段为专业基础课程的学习，课程设计包括设计概论、设计图纸表达、手绘效果图技法与室内设计等，同时还包括计算机辅助设计的学习及 AutoCAD、Photoshop、SketchUp 等设计软件的学习。第三阶段专业设计课主要以室内空间设计为基础，包括商业空间设计、居住空间设计、办公空间设计等一系列设计课程，并结合室内空间的陈设设计而展开，主要目的是让学生把前两个阶段所学到的理论知识应用到实际的设计过程中去，在设计实践中锻炼和掌握设计的方法和设计的基本过程。第四阶段的毕业设计创作是对大学学习的一个回顾性考察和总结。对学生而言，环境设计专业的学习应该掌握的技能为表达能力、演讲能力、计算机辅助设计能力、方案实践能力和综合素养这五个方面。

1.2 高校环境设计专业教学中存在的问题

环境设计虽属艺术学科，需有感性的设计思维创造，但其实质是为人服务的，其目的是为大众生活学习和工作提供一个舒适的空间环境和宜人场所，其主旨就是以人为中心。这种以人为本的功能性设计主旨决定了环境设计的核心是以人的生理和心理特征及行为习惯为出发点来创造人所需求的实用的环境空间和环境界面。因此，环境设计也是一门具有科学性的学科，是艺术、功能和技术相互联系的整体，不能只用艺术的标准来衡量设计。美观的物品如果没有实用的价值，将失去设计的目的。而大部分高校在进行环境艺术教育的时候过分强调艺术的价值，不从功能的便利性进行考虑，使得设计成为本末倒置的状态。环境设计是一门实践性非常强的学科，理论知识要学习，但是实践环节也是非常重要的，不能只是一味地教授理论而忽略了实践的重要性，应该在理论授课和实践授课中寻找一个平衡点。目前，各高校虽然在课程设计中对教学的整体思路考虑得比较全面，但是真正落实到每一门课程的时候，环境设计专业的课程安排还存在一些问题，阶段性学习的课时安排比例不均衡，实践性课程走马观花，落实不到位。这些问题的存在直接导致学生在结束大学专业课程的学习后，出现了跟社会设计市场的脱节，不能马上投入社会的设计工作，在学校的学习并没有达到学以致用的效果。

2 高校环境设计专业教育发展

现代环境设计涉及城市规划、建筑景观、风景园林、公共艺术、室内装饰等多个学科的相互交叉，涵盖了设计学、美学、行为学、设计心理学、社会学、民俗学、地域学等多个领域的知识体系，高校如果想做到面面俱到地教学，难度很大，但是如果可以针对市场的定位与特定的环境与市场的需求，依靠自身学校的办学条件和学科优势发展务实的特色教育，发展以特色为核心、艺术为基础、科学为支撑、功能为目的环境设计教育模式，将会大大增强高校环境设计专业的综合实力。

2.1 注重特色教育教学

现代心理学认为，"特色"指的是一个人或一个集体的整个精神面貌，是个人或集体意识倾向和各种稳定而独特的心理特征的总和。而对高校的发展而言，各个高校只有形成自己的培养特色，才能使学校更加具有可持续发展的生命力。环境设计教育方兴未艾，但是各大高校教育内容趋同，课程设计趋同，同质化严重。本科高校的教育目标是直接面向市场的，教育目的应该以专业领域的实现为首要前提。各个高校应该结合自身的资源特色和自身优势扬长避短地进行特色化专业办学，培养与其他高校有所区别的竞争人才是值得各高校重视的一大问题。

在高校教育中，质量是生命，特色是优势，民族类高校具有多种地域文化和民族文化相结合的人文资源，而环境设计发展至今就需要弘扬民族特色，具有民族个性精神，注重环境设计的民族和地域化，如果民族类高校可以努力将自己独特的学科特点和学科精神作为主要的教育特色，无疑会使这个专业在各大高校的发展中更加具有吸引力。在综合性高校中，环境设计可以秉承其严谨的学术作风和丰富的学术研究积淀更好地进行多专业的交融互通来统筹人、空间、物等设计要素，实现环境设计专业全方位的学科互补。艺术氛围是艺术类高校特有的文化形态，学校的物质文化、制度文化、精神文化、师生构成、课程文化都有别于其他综合类高校，艺术类高校应该利用自身资源优势进一步完善学科体系，制定出有别于其他综合类高校教育模式的环境设计人才培养计划。

2.2 借鉴建筑学教育模式

本科教育是技能型教育，培养直接面向社会的技术型人才，学校一方面要培养学生基本的设计能力，另一方面也要培养学生的逻辑思维能力，使其具有较高的综合素养。目前，环境设计课程的核心主要为居住空间设计、商业空间设计、办公空间设计、景观设计等，这样的课程设计较为独立，知识点也比较宽泛，课程的安排属于堆砌的状态，每门课程时间比较短，结果是虽然学生接触了更多的知识点，但是却对每门课程缺少更深入的了解。而建筑学科对一门课程的系统安排和一个课题循序渐进、由浅入深的教学模式会使学生对一个课题的设计有更多的理解，所以环境设计学科教学可以借鉴建筑学科的教育模式，把教育分为两个环节，一是教授环境设计的一般规律，即设计原理的部分；二是把居住空间设计、商业空间设计这些课程统一合并为建筑空间设计，将其主要目的放在培养学生的空间设计能力上，而不是局限于某个功能性空间，借鉴建筑学科的分项分层、系统有序的教学模式，着力培养学生分析空间问题、解决空间问题的设计能力。

2.3　发展实践教育教学模式

为了提高学生的实践能力，针对环境设计专业的教学，学校应该以工作室制度来进行课程的设计，由教师组织和带领学生以实际的设计项目和竞赛项目来推动课程的学习，甚至可以高低年级交叉性上课，这样不仅可以提高学生之间的交流能力，也可以使学生融合不同的知识体系。教师应该带领学生进行前期的市场调研，引导学生对现实情况加以实际分析，引导学生塑造正确的思维方式，进行设计实践，提高学生的设计实践能力和实践水平。

2.4　加强教师队伍的培养

环境设计专业的教师不仅应该具备较为丰富的理论知识，还应该具有一定的现实设计能力，要培养学生就应该先培养教师。现在大部分高校中环境设计专业的教师都具备较为丰富的理论知识，但是在学校工作太久，存在与现实社会脱节的问题，尤其在设计行业蓬勃发展的今天，一个新材料的出现就足以淘汰过去流行的设计样式。所以应该由学校定期组织教师到业内一线的设计院进行培训和交流，从而提升教师的实践能力。只有教师的理论水平和实践水平提高了，才能为学生设计能力的培养打下坚实的基础。

3　结语

高校的设计教育体系应该以市场为向导，因社会需求而发展，各个高校的环境设计学科应当找到自身的优势定位，发展自己的特色教育模式，通过自身的特色化来满足社会对于环境设计多元化的需求，逐渐形成自己学校的设计教育学风和设计教育特色。只有这样，环境设计教育之路才能走得更远、走得更宽。

参 考 文 献

陈亚东. 2014. 试论环境艺术教育的实践创新[J]. 设计, (9):176-177.

李砚祖. 2002. 环境艺术设计的新视界[M]. 北京: 中国人民大学出版社.

曲延瑞, 佳瓦德. 2012. 设计基础课程教学中的创新意识向度[J]. 设计, (10):176-177.

容华明. 2005. 艺术设计专业"双师型"教师培养新探[J]. 广西大学梧州分校学报, 15(4):52-54.

苏丹. 2006. 环艺教与学[M]. 北京: 中国水利水电出版社.

王受之. 2002. 世界现代设计史[M]. 北京: 中国青年出版社.

张武升. 2000. 教育创新论[M]. 上海: 上海教育出版社.

左冕. 2012. 理工类高校环境艺术设计专业教育特色初探[J]. 中南林业科技大学学报(社会科学版), 6(5):153-156.

产品设计学科在民族类综合性大学专业化发展的思考

蒋 鹏

摘 要：这是一个明星产品辈出的时代，苹果、小米系列电子产品不断推陈出新，不同色系的共享单车在街面同时竞争，数年内迅速完成从草创到辉煌的大疆飞行器……工业设计与产品设计学科在"中国制造2025"和"大众创业、万众创新"等一系列政策中，迎来了最好的时代，也面临最严峻的知识与技术迭代的挑战。本文试图探寻产品设计学科在民族类综合性大学专业化办学、发展的途径，着眼于社会发展的现实，立足于教学机构的本质，希望通过可行的举措、利用有限的资源完成专业化办学的目标。

关键词：产品设计；民族类综合性大学；教育；专业化发展

1 引言

在中国制造业规模和能力已居世界领先地位的形势下，如何提升产品创新能力和水平，是决定我国制造业实现跨越式发展的关键问题之一，工业设计、产品设计也成为"中国制造 2025"的关键之一。而国家"大众创业、万众创新"等系列政策的推行，顶层设计所指、市场发展所向让产品设计似乎面临着最好的春天。新产品开发针对用户需求进行深度挖掘，寻求实现创意的新原理及与之相应的新结构，符合个性化定制的新要求，也对产品设计学科办学提出更高的要求。

面对八大美院（中央美术学院、中国美术学院、湖北美术学院、天津美术学院、鲁迅美术学院、广州美术学院、四川美术学院、西安美术学院），以及江南大学这类老牌强校，后起的民族类综合性大学如何将产品设计学科办得专业化是首要难题。之所以强调专业化，是因为部分综合类高校产品设计学科存在实践性较差、教学内容简单化及陈旧化的倾向。本文试图指出办学的瓶颈，直面问题并找出解决方案。

2 瓶颈与问题

师资匮乏是永远的难题，特别是在高校进人标准高学历、高职称化的当下，实践类的师资更是难得，实践人才翻不过高高的门槛，象牙塔内学术与实践脱节、人才培养与市场脱节的现象明显。

产品设计本来就是直指实践的学科，不光要求创意、图纸，还要求做出原型产品，对设计者的综合知识储备、技能都要求甚高。产品设计专业学生需要熟练掌握的软件就有十余个之多，"平面设计"这类重要的设计课程，在学分、学时压缩的背景下，也只有与其他设计课程合并，难免会造成学生设计基础薄弱。产品设计涵盖面广，从产品外观到交互界面，从文创研发到公共设施，从创意设计到制作原型产品，都要求教师及学生具备艺术设计和工业设计、计算机交互、材料学的跨界以及综合知识体系，并具备动手制作的能力。

正因为产品设计学科的综合性与复杂性，部分产品设计专业办学有简单化、非专业化的倾向，办学实质内容与视觉传达、平面设计等艺术设计学科高度同质化；同时，教学内容的广泛，教师知识储备的相对匮乏，教学设备的陈旧，不是引领而是落后于市场实践；系统设计与动手实践能力结合的复合型要求，又导致实践课程脱离产品设计的科学、理性范畴，沦为手工游戏式的简单体验。这些都造成了毕业生在就业市场没有本属于自己的广阔职场空间，满足不了就业市场需要的境况。

针对这些问题，下文将尝试解决之道，力图在有限的办学资源中"戴着镣铐起舞"，找到民族类综合性大学产品设计学科专业化办学的路径。

3 学生选拔途径的改良与更强势的专业激励机制

由于种种原因，艺术类学生专业选拔方式由艺术联考代替艺术校考，随之而来的是学生专业素质的下滑。专业素质整体下滑的结果不只是教学难度的提高，还有就是在陡增的专业要求面前，以班级为单位的不少学生产生学习挫败感，钝化学习热情。招生环节招收专业水平更佳、对专业更有热忱的学生，是顺利教学的第一步。

由于每学期的学分总量限制和相关部门对低年级集中完成公共必修课的要求，一、二年级难以在有限的课时总量中开展充足的专业课，只能完成专业基础课程及部分软件课程；而一旦错过二年级，三年级学生将面临"七年之痒"，对所学专业热情消退，产生大学时光过半却不能真正进入专业设计领域的困扰，负面效应叠加的结果往往就是放弃专业追求。

目前采取的解决办法是专业教师做好"啦啦队"与"吹鼓手"，即使设计类、软件类课程尚未开始，也通过各种方式激励学生在低年级开展专业自学，当专业课程开始时，大部分学生已完成基础软件学习，教师直接教授高级别的专业内容。事实表明，专业教师的引导与督促能起到"鲶鱼效应"，专业领先的学生让更多的学生产生比较、竞技心理，激发学习能动性。部分学生会消除寒暑假状态，全年坚持自学。

与专业高校相比，综合高校有多元的学科文化，如果学校层面针对学科专业实行更强势的激励机制，将会取得更好的教学成果，占领更高、更好的就业市场。

4　实事求是的教师考核评价体系

顶层设计是大脑，是中枢，指挥着个体的走向；考核评价体系是指挥棒，决定着教师的时间分配与工作重心。教师是人，当偏颇的指挥棒下的行为趋势形成惯性，当实事求是的政策迟迟到来时，恐怕大批中年教师难以有时间、精力、动力再变道而行，面对市场实践进行研究，完成与时俱进、不落时代的教学革新、迭代。

当前教师考评晋升"指挥棒"的政策主体是科研申报与一定级别、区域的论文发表。科研申报成功是国家及各级主管部门的认定评价。针对基础学科的理论研究，市场未必有动力完成这类短期而没有利益回报之事，以课题考核教师，有其逻辑必然性。

但是实践学科不是如此，实践是检验真理的唯一标准，艺术设计学科是实践类学科，实践才是这些学科的研究核心。换言之，科学研究必须引领课堂，但实践类学科的研究形式、成果表现是不同的。艺术专业教师不绘画、不创作，能靠申报的课题教授学生艺术实践吗？设计学教师靠课题与论文，能解决学生设计实务问题吗？事实证明，在这种教学方式下，学生得到的是教师的二手、三手经验，难以面对就业市场的竞争。当学生了解市场需求，历经理论与现实的对比，自然会对培养学校产生二次否定；只强调理论化研究的各类课题申报将使实践学科缺失实践的根基，本该引领瞬息万变的产品设计务实学科变成落后于市场与时代的故纸堆。

产品设计与艺术设计等实践应用类学科具有同样的特点：设计实践是最好的科研。换言之，化学、物理实验是科研，用小白鼠做生物实验是科研，设计实务也是科研，在概念设计的基础上，产品原型是最宝贵的科研结晶。在制造业升级、工业4.0、定制化制造的背景下，实践性极强的产品设计学科办学难以靠短、频、快的科研项目申报、结题，以及论文的快速发表，得到实质上的提升与学生在就业市场上的认同和尊重。

论文是实践的总结，是智慧的反映，但评价体系唯论文论，有失偏颇且不科学。放眼实际，面对现实，现在的论文发表是否成为财务账号之间的货币数字流转关系？艰苦实践得出的精华原型设计，是否被抽象空洞概念化的写手文章代替？产品设计学科中，年轻教师在评价体系指挥下的确逐渐脱离实践，将系统化的实践教学变为 PPT 文字阅读。

强调实践不是指将教学变成技校式的技能传授，而是说不能削足适履，用单一学科的科研标准衡量完全不同的学科；强调实践是指不能将设计类学科科研异化为文本的自娱，完成一番逻辑自洽和空洞言语建构之后，不能落地，而被真正践行的产品制造业所诟病。现行科研结项的主要标准还是论文发表的级别，对实践应用类学科而言，以创造为己任的高校被各杂志财务部考核，不能不说是一种价值倒挂与悲哀。

当然，这是所有设计类学科面临的共同问题，以设计实务见长的广州美术学院、江南大学及其他高校的产品设计专业，在"双一流"学科认定中，排名与业界认同相较甚远。在当前宏观评价价值观下，唯暂时的数据指标而论，还是唯社会现实而论？这是规则制定者要做出的艰难选择。

艺术类国家级、省部级展览的数量、入选机会，远远少于当前基金申报通过的数量，获奖名额更是少之又少；而艺术创作项目的重大招标与基金重大项目数量相比更稀缺；设计类的同类奖项，难度甚之。统一实践成果与科研申报成功的权重，改变当前狭隘的唯一化衡量指标，使考核评价体系更加实事求是地多元化、多权重，希望虽然渺茫，但必须憧憬。

产品设计学科实事求是的考核评价体系应该具备什么因素？主要包括原型产品的实现，以及大量学科竞赛奖项、专利的获得及产学研一体化办学的实效。专业化的评价体系会使教师自我知识迭代、更新速度加快，教学质量与学生专业水平大幅提高，通过竞赛、专业成果展示汇报，以实践为核心，实践与理论研究结合为导向，奠定专业化办学新高度。按本学科规律，科学考核评价教师能提升已有师资的专业水平，促进学生专业水平的提高，使较高的就业率成为无为之为。

5　STEAM 教育与师徒工作室制

大学学科过于细化、精深的同时，还伴随着狭窄。基于知识混合的智能设计，对设计者提出了更高的知识要求。产品设计学科涵盖广阔、内容丰富、形态多样，以原型产品为最终目的，对教师与学生的知识体系提出了更高的要求。这种以最终产品为目标，跨学科完成最终产品的研究方式，正是 STEAM 教育所指向的。

STEAM 教育，是集科学（science）、技术（technology）、工程（engineering）、艺术（art）、数学（mathematics）多学科融合的综合教育。几个学科的结合打破常规学科界限，也为设计、制造产品原型创造了条件。

在人工智能迅猛发展的今天，在老式的学科壁垒障碍中，分离式局部设计再凑整修改的方法将被淘汰，陈旧的理论自洽的文本科研也将失去意义。将精力聚焦于多学科融合，对学习型、多元化的教师团队提出了更高的要求。

多元化的教师构成是当前教师队伍构建的难题。除了学历、职称与实践能力兼顾的矛盾，产品设计这类交叉、复合、跨界的学科，往往需要有机械设计、计算机软件知识背景的理、工、文、艺各类师资，本、硕、博单一产品设计专业毕业的教师是较少的，交叉学科的教育背景恰恰是广阔思维、技能的支撑。

包豪斯式的师徒式教学，不是设计教育史上过往的史话，而是人工智能浪潮中不落时代的实践方法论。实践工作室成为重要的教学场所，提高教师教学中的实践、示范能力，在保证安全的前提下，让学生成为工作室的常客，这是产品原型落地的解决办法之一。工作室实行师徒式，也让学生对设计更有热情，教学更鲜活，师生协同更紧密。

需要指出的是，工作室中的产品设计实践是严密的设计实践链条中的后端流程，不是社团式的娱乐体验，不是没有学术标准的简单手工制作。也只有高标准的实践教学才能完成学科专业化建设，以面对专业高校竞争，面对知识不断迭代的设计人才市场新要求。

6　开门办学对实践的意义

学习型教师团队能解决大部分常规教学课程的更新问题，但不得不承认，再完美的学校都有办学资源的天花板，不可能解决不断发展的就业人才市场的所有问题。开门办学是成本最小的扩大教育资源的途径。

开门办学不光是学校之间的学术交流，更包括设计、生产实践一线的资源反哺，行业一线实践型专家的讲座、授课是一种形式，校企合作更是解决实践问题的优良办法。事实上，东部沿海的各高校设计类学科已经普遍开展校企联合，较之于学校对企业的帮助，企业给学校带来的平台与教学输入的收益更大。

开放基础技能性课程外聘教师的学历、职称限制，以合理的教学费用保证技术人才进课堂是解决技术类课程师资的有效办法，专任教师队伍往往能胜任设计类课程，但某些技能性较强的课程，如木工、金工，唯有技师才能熟练演示，支付与市场接轨的课时费用，才能将某些稀缺技能引入课堂。

7　民族特色、地域化与办学特色的辩证关系

民族高校产品设计学科的办学特色到底是什么？一般联想到的回答是——民族特色，或者再加上一个领域——文创设计。办学特色与方向，属于学校、学院层面的顶层设计，不在此讨论。由具体课程组成的具体办学走向，可以从需求侧，

而不是供给侧分析得出。

西南民族大学产品设计学科生源中大约 1/6 为少数民族学生，且多数来自北方省份，偏远地区的少数民族学生几乎没有。结合学生毕业后的地区去向意愿，回原籍的占一半，选择升学、去北上广等大城市、留在成都本地的占一半。成都产品设计人才市场需求为文创、家具，以及多样化的小型产品设计，而学生原籍不可知的产业情况和北上广等大城市产品设计方向的多样性，决定了办学必须从本地产业出发，通过本地资源和实践，使学生得到设计方面的锻炼，夯实设计基础能力；设计课程迭代需要面向智能化、定制化的产品发展趋势，数字化设计与动手能力并举，培养新型的设计人才。

夯实设计基础是指学生拥有扎实的手绘与计算机设计能力，以及创新思维的能力。人的学习具有阶段性，学生时代扎实的专业基础是学生毕业后职场生涯平稳发展的保证。

新办工业设计、产品设计专业在成长期中，特色过于单一、明确，在就业市场未必是好事，某些"高、大、上"的设计领域（比如航天器、交通工具），未必有持续的用人市场。一旦锁定某个单一行业为办学方向，产业走向的宏观变化将让办学产生"三十年河东、三十年河西"的境况。这种矛盾是由产品设计广义的涵盖范围和狭义的具体办学内容决定的。

8　结语

工业 4.0 的愿景中，大部分制造业将被 3D 打印技术代替，现在的制造业公司将转变为未来的产品设计公司——完成核心产品的设计及系列服务的提供，而生产交由打印机完成。个性化、模块化、系统化的智能设计将成为行业的需求主流。从美术高校工业造型演变而来的产品设计，从外观设计走向产品系统化设计的广阔概念，这一切都对教师的知识结构、教学方法提出了巨大的挑战。这种挑战不是大型开放式网络课程（MOOC，简称慕课）等新型课堂带来的，而是传统教学法、评价体系的失效带来的。传统的感性艺术化教学模式，剪刀加糨糊的外观设计方法，简单的手工游戏式体验，脱离技术与实践的文本式研究方法，都将在市场激烈竞争带来的学科升级中成为过去式。即使是非物质文化遗产，也必须面对产品升级与形态转变，否则就将变成博物馆里的展品。

由此可见，学生扎实的基础设计能力是根基，面向工业 4.0 的个性化、模块化、系统化智能设计是方向，STEAM 教育与师徒式的工作室是途径，在这些基础之上，在某些产品设计个案中兼顾民族性，也许是民族类综合性大学产品设计学科办学的一些方法。

中篇　课程改革与创新

从 "House N" 到 "House π"

——二年级 "大师作品分析" 与 "小镇里的下店上宅

——独立小住宅" 建筑设计课程实践

陈　琛　李秋实　陈　洁

摘　要： 在二年级上学期建筑设计课程中，将大师作品案例的精读分析与真实环境的小住宅设计进行结合，教学改革从传统类型的教学中逐步脱离，更注重自身教学体系的连续、渐进和完整。本文选取 2015~2017 年教学改革成果中的其中一个作业为蓝本，解读从案例分析到独立小住宅设计的全过程，阐释两个教学单元的整合并不只是简单的案例形式模仿，而是能引导学生从案例深入理解，到设计语言转换，再到结合现实问题，启发设计思维并使其多元化。

关键词： 大师作品分析；独立小住宅设计；教学单元整合

基金项目： 西南民族大学 2017 年教学改革项目 "从'分析'到'运用'的关联式教学模式探索——以'建筑设计一'课程实践为例"（项目编号 2017ZC24）

在传统教学体系中，二年级教学以类型化教学为主，如二年级上学期会完成两个较小的设计训练，之后的训练也通过逐步扩大建筑的规模、增加内容的难度等来进行设置。而二年级设计课程的教学在整个设计学习过程中处于启蒙和转折阶段，学生在接受了一年级的基础训练之后，步入设计阶段需要一个过渡和循序渐进的过程。传统类型的教学更多地考虑设计难易程度的渐进，忽略了学生设计起步阶段思维转换的瓶颈。为此，二年级教学组针对二年级上学期的教学现状进行改革，将该阶段教学逐步从传统类型教学中脱离出来，更加注重教学的承上启下和连贯系统。

1　二年级上学期课程教案设计

二年级上学期的课程教案设置了两个教学训练单元：大师作品分析及独立小

住宅设计，每个单元各分配八周的时间，最后一周会对前后两个课程的教学成果进行公开评比与交流。

1.1 "大师作品分析"教案设计

第一个单元"大师作品分析"由二年级教师组共同商议，选定十个经典案例，学生两人一组随机抽取案例。大师作品分析在案例的选取上考虑到与下一次作业的连贯，所选取案例作品以独立住宅为主，或是与其他功能混合的住宅建筑。在案例的筛选上注重作品的经典、多元和对比。经典案例具有非常强的可读性，并有大量资料可供查找，学生在此训练过程中既能学习系统的精读和分析，又能从大量前人的资料和解读中建立自己的一些思考。在近两年的案例筛选中，既有较早时期的经典，如勒·柯布西耶的萨伏耶别墅（The Villa Savoye，Le Corbusier）、格里特·里特维尔德的施罗德住宅（Schröder House，Gerrit Rietveld）等，又有时期较近的住宅，如雷姆·库哈斯的波尔多住宅（Maison à Bordeaux，Rem Koolhaas）、安藤忠雄的小筱邸（Tadao Ando，Koshino House）。另外，还会筛选同一位建筑师或同样地域范围的建筑师作品，利于各组学生在分析过程中进行相互类比和分析。如2015~2017年分别选了当代日本建筑师藤本壮介的N住宅（House N，Sou Fujimoto）（图1）和他的另一作品东京公寓（Tokyo Apartment）。

 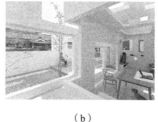 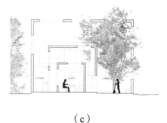

（a）　　　　　　　　　（b）　　　　　　　　　（c）

图1　"House N"住宅实景与剖面

教学阶段包括对基础资料的收集、对案例的背景分析、对案例的建筑分析，以及最终的手工模型制作和正图绘制。每个教学阶段会切入相应的理论知识点讲解，譬如如何搜集案例资料，建筑与场地分析，建筑内部分析如功能与形式，如何制作模型等，做到知识点的分解和对应以让学生更好地理解和吸收。

1.2 "小镇里的下店上宅——独立小住宅"教案设计

第二个单元"小镇里的下店上宅——独立小住宅设计"与第一个作业密切关联，要求学生在大师作品分析案例的基础之上，借鉴该大师合适的语言和手法，并将其运用到此次小住宅的设计中。这是学生在低年级阶段进行的第一个真题设计，基地选址在离校园很近的失地农民安置区内，也是学生在课余生活中非常熟悉的小镇。小镇内商业繁荣、业态丰富、居住人群复杂，建筑多为下店上宅的形式，因此住宅设计也要求具有局部商业的复合功能。从场地条件来看，可以说限制较多也并不优越，但这也能更好地激发学生的设计热情和兴趣。

在基地的限定条件中，我们给定具体的地块选址，并给定基本的业主情况和需求。在最新的教案设计里，进一步开放了基地选址，在小镇区域内给定五种不同类型的地块，由学生自由选择。同时业主情况需要学生自行去调研，梳理并总结出业主的真实需求，并将此反映到设计中去。教学针对不同的设计阶段依然采用理论课切入的方式，包括住宅概论专题、建筑结构与形式专题、住宅人体工程学与尺度关系专题、建筑形式手法与空间操作专题等。

由于受到现实复杂条件和因素的影响，独立小住宅的设计过程不能完全照搬所分析的大师作品，若只是简单的形式化模仿也会让方案缺乏足够的逻辑性。因此，学生需要从基地调研阶段寻求与分析案例之间的融合方式，在理解设计语言和设计动机的基础上进行转化，形成自身的设计逻辑。

2　从 "House N" 到 "House π" 的课程作业解析

在本次课程实践过程中，将不同的大师经典案例转换成小住宅设计，体现了学生设计思维的活跃性，以及面对现实条件解决问题的灵活性。本文以梁婉诗同学设计的 "House π" 小住宅作为教学改革过程的示范，以此为蓝本，解析从大师作品分析到独立小住宅设计的全过程。

设计者所学习的大师作品是藤本壮介设计的 "House N" 住宅。藤本壮介的 "House N" 住宅设计上相对简单，仅供两个人和一条宠物狗生活，住宅在形式上仅有三个相互嵌套的盒子，形式感强烈，但其作品背后蕴含了建筑师丰富的建筑观和设计诉求。

2.1　家、街道、城市的定义

"House N" 由三个渐次嵌套的盒子形成三重套间。最外层的盒子围括了整体，并形成一个内部庭院，也构成了一个外部空间。第二层盒子在这个外部空间中又进一步圈定了一个被限定的场所。第三层盒子则创造了一个更小的场所。居住者生活在这样的场所中，内部空间与外部空间没有明显的划分，看似内部的空间也是外部空间，看似外部的空间也可当作内部空间，彼此呈现了一种相对的关系，并定义了家、街道与城市之间新的存在形式，超越了传统意义上城市与建筑之间的差别。藤本壮介认为，所谓城市和住宅，并非毫无关联的存在。"House N" 正是一个体现了家、街道、城市之间丰富内涵的极致住宅设计。

（1）回到原始的"家"

设计者在设计小镇安置区的住宅时，并非一开始就建立了"家"的概念，而是先理性分析场地，形成相对合理的初步建筑形态。但设计者认为初步构思尽管有合理的逻辑，却缺乏了家的味道，也缺乏与所学大师作品之间的沟通。为此，她开始从案例作品及藤本壮介的建筑观当中寻求构思线索，将藤本壮介关于"原始的未来"的思想融入自己的想法，她希望住宅可以回归到原始状态，回归到孩童时代对"家"的原始意象，于是将三角形叠加在矩形上，形成住宅的基本体量关系，在进一步的方案推演中，三角形成为不等坡的坡屋面，回应了基地周边以坡屋顶为主的建筑整体形态关系，也让"家"的概念增添了感性的个人色彩。

（2）积极场所的生成

基地位于小镇丁字路口位置，西侧和南侧紧邻小镇的主要道路，人车涌动，环境喧闹，北侧为一条两米多的巷道，常年无日照，阴暗潮湿。对基地的实地考察，既要考虑良好的日照、合理的朝向，又要考虑如何回避噪声、注意视线卫生，更要考虑建筑单体与街道、小镇的关系。该同学在对巷道的处理上，并非以回避的方式应对小巷的脏和乱，而是将一层商业空间压缩后退，二层以上空间保持悬挑，以形成小巷入口处的灰空间。同时，面对巷道的商业空间开辟橱窗展示面，并在灰空间处设置户外座椅和景观，希望人们能在此停留，打破小巷的封闭状态，改善小巷的消极性。同时，方案在主街的街道界面上也有所思考。从两条主街能够清晰地看到每栋建筑在二层挑出来的檐沟，连续的排列形成街道界面上建筑结构的特征，设计者认为，若新建建筑忽略这样的特征，会破坏沿街面的连续性。为此，其在檐沟相应高度位置从内部延伸出板片，进行景观处理，既作为内部空间向外部空间的延伸，又成为街道景观，更保持了人行走视角上街道界面特征的连续性。

2.2 暧昧空间的界定

藤本壮介在多个作品中体现了他对暧昧秩序的建构。譬如，森林系统就很好地表述了暧昧秩序的特质。在他看来，森林是一个自然、开放、和谐的系统，森林没有明确的边界，不同物种之间相互依存也相互制约，树木各自独立却也保持了彼此暧昧的距离，这种相互关联和共生的关系构建了藤本壮介暧昧秩序的原型：试图建立一种不确定的、模糊的、多重的、由局部相关衍生出来的新秩序。这样的建筑观也深刻地体现到"House N"的设计中，"House N"由外到内三重嵌套的盒子看似建立了清晰有序的空间结构关系，但三重盒子上随机切割出来的洞口却使原本定义清晰的秩序变得模糊和暧昧。这所住宅在某种意义上是混杂了所有距离的借景住宅，各种日常生活的片段在套间和无序的洞口重叠中显示了某种关联，在不同时间、不同距离、不同人群所形成的景致中，各种无关的事物之间达到了某种共存，给人们带来奇妙的生活体验。

（1）立面剖面化

设计者在设计的过程中，充分借鉴藤本壮介对模糊和暧昧的观念，她认为住宅与街区之间也并非一墙之隔，而应跳脱给定的基地，重新界定室内外空间的关系。在实际操作中却不能简单地对"House N"进行形式上的模仿，而应立足基地的现实条件，寻求设计思想语言的转译。在空间处理上，设计者以"立面剖面化"的概念实现了对暧昧空间的界定。一方面，将多种类型的外部空间引入内部，如从商业空间转换到住宅空间的入户庭院，以及为营造景观和回避噪声视线的卧室露台、坡屋面开洞口的屋顶花园等，让内外空间形成有趣的转换和交流。多个外部空间的引入，与实体空间在立面上形成了强烈的体量虚实对比。另一方面，在立面处理上进行部分结构的外露，如水平板片向外进行延伸，立面墙体延续至屋面，形成外壳包裹着虚实的体量，并与实体进行分离，与板片形成呼应，使得立面呈现出剖面的效果。这也契合了设计者对设计主题的想法，她希望其设计可以像圆周率一样无限延伸，因而将住宅取名为"House π"（图2）。

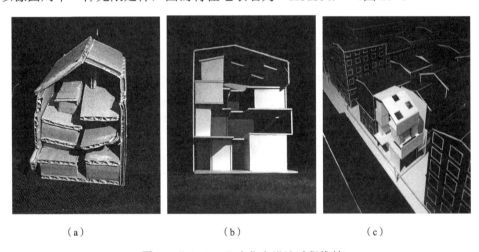

（a）　　　　　　　　（b）　　　　　　　　（c）

图2　"House π"小住宅设计过程推敲

（2）尺度人性化

在立面上所形成的大小不一的盒子，离不开对功能空间的有效组织，也离不开对空间尺度的把握。如设计者考虑到不同房间的需求，打破统一的水平标高，利用错层、夹层等方式形成空间的竖向变化，并对一些特殊的空间进行细致的尺度考量，如从下层商业区进入住宅的庭院空间面积虽不大，却进行了露天通高的处理，既解决了采光，又带来了舒适的入口空间体验；最上层的儿童房考虑了儿童的身体尺度，以及两个儿童的娱乐和交流，也进行了上下层的叠加和贯通，形成竖向的体量，并与屋顶花园进行连接，增加空间的趣味性。建筑通过多重尺度空间的处理和竖向的变化，在立面上呈现出大小不一、相互交叠、虚实相间的盒子，看似混乱、实则有序，与小镇的秩序形成相似的语言，很好地融入小镇环境当中，进一步界定了模糊和暧昧的建筑空间与城市空间关系（图3）。

（a）　　　　　　　　　　（b）　　　　　　　　　　（c）

图 3　"House π"小住宅成果模型

3　课程实践的思考与结论

"House π"的设计过程反映了设计者在设计过程中，需要充分理解分析作品的设计语言及设计师的建筑观，分析案例阶段也可以为接下来的设计提供一定的启发和线索，同时在结合现实条件的基础上，逐步寻找案例与设计的契合点，建立设计逻辑。从整个教学过程来看，通过一个长周期的大师作品分析，学生能够在一年级的基础之上逐步过渡到设计起步阶段，从知识积累到分析理解再到开始设计，整个教学体系是一个积累—理解—转化—运用的过程。

从教学成果来看，能够将分析案例灵活运用的优秀作业虽不太多，相当一部分学生仍然会停留在对外在形式、符号语言的模仿借鉴上，与大师作品的关联度不高，但也基本达到了小住宅设计的教学要求：譬如对场地的思考、对尺度的把握、对行为需求与空间关系的理解等。因而，在接下来的教学中，教学组将不断总结教学成果，深化教学内容，强化前后两次训练的联系性。如案例在选取过程中要更充分考量分析案例对住宅设计的可借鉴性，避免某些案例理解难度过大，不利于设计阶段有效地借鉴和转化。在住宅设计阶段，可以将设计条件更加开放化，尊重业主需求，更多元和开放的设计条件有利于让学生在设计中有更多的自由度与可能性。

参 考 文 献

陈琛, 华益. 2017. 关联与整合——关于二年级上学期建筑设计课程的实践与探索[C]. 2017 全国建筑教育学术研讨会论文集, 10: 544-547.

丁蔓琪, 冯静, 李延龄. 2011. "化整为零"模块化建筑设计课程教学方法探析——以二年级独立式住宅课程设计为例[J]. 华中建筑, 29(11): 167-168.

傅志前, 舒珊. 2016. 暧昧秩序的演绎——藤本壮介建筑作品解读[J]. 华中建筑, (9):22-26.

李彦伯. 2014. 动人的暧昧——浅析藤本壮介的建筑思想[J]. 建筑师, 169(3): 92-99.

藤本壮介. 2013. 建筑诞生的时刻[M]. 张钰译. 桂林: 广西师范大学出版社.

王方戟, 王丽. 2006. 案例作为建筑设计教学工具的尝试[J]. 建筑师, (2): 31-37.

Gregory R. 2009. House N Sou Fujimoto Architects[J]. The Architectural Review, 225(1346): 48-53.

Pollock N R. 2009. Sou Fujimoto subverts common notions of inside and out, public and private, solid and void in Japan for the N House[J]. Architectural Record, 197(4): 100-105.

城乡规划专业城市设计课程的教学内容与方法探讨

尹　伟　温　军　周　敏　郑志明

摘　要：城市设计课程是城市规划专业核心课程之一，在城市化进入加速发展的时期，对城市设计的要求越来越高，新的教学需要让学生跟上行业的发展，同时又能保持特色创新，需要对原有教学方法进行重新探索、改革。

关键词：城市设计；教学改革；设计课程

基金项目：2016 年中央高校基本科研业务费专项资金项目青年教师基金项目"基于文脉因素的民族聚落建设容量控制研究及设计对策"（项目编号 2016NZYQN06）

1　引言

城市设计课程是城乡规划专指委确定的城乡规划专业核心课程之一，是一门城乡规划专业本科生的集城市规划、建筑设计、景观设计等于一体的综合性、实践性课程。学生通过一、二年级的建筑设计基础阶段的学习后，设计教学进入深入提高阶段。城乡规划专业三年级设计课程依据城乡规划课程主题式教学体系的要求，围绕本年级建筑与城市课程主题式教学体系而展开，而城市设计正是建筑与城市课程主题式教学体系的核心课程。教学过程是使学生掌握对城市和空间环境的整体构思和布局展开的训练，并帮助学生建立贯穿于城市设计全过程的设计思维及方法。

2　传统教学存在的瓶颈与问题

城市设计理论教学部分：理论课在大学教育中通常是比较枯燥的，重程式化理论而轻实践的思想使得教学变得枯燥无味。而城市设计本身是一门实践性很强的学科，它既需要学生理解大体的理论思路，又必须了解社会、行业、人文等多种要素，设计需要将这些要素不断地融合并加以提炼，才有可能较为全面地理解城市设计内涵，从而避免学生听了诸多理论之后，仍然不知道怎么开始设计、怎么做好设计。

城市设计课程教学部分：传统的城市设计教学基本采用统一的思路，即理论讲授—讲解任务书—现场踏勘—各阶段草图—正图，未能充分体现城市设计的综合性。

理论与教学的分离、设计方法的缺失、重点不突出是城市设计课程教学中存在的问题，使学生的最终设计成果基础知识不扎实、设计内容创新不足等成为较为普遍的现象。

3 教学目的与教学要求的重新梳理

如何让学生带着本次设计的重点和难点展开系统的学习，对教学目的和要求进行重新梳理是必须思考的问题。

教学目的：①熟悉城市设计的基本程序；②掌握城市设计的关键方法；③熟悉城市设计的相关知识；④掌握城市设计与控制性详细规划之间的关系，注重城市功能、空间、活动与环境建构；⑤掌握城市设计的表达。

教学要求：①分析能力培养，即对规划现状、环境与背景分析能力的培养；②创造能力培养，即增加学生的阅读量与提高学生的分析能力，并通过调研—分析—归纳—总结—判断—决策—表达这一整套环节的锻炼与学习，使学生真正掌握所学的理论知识和工作方法，并将其转化成自身的设计创造能力；③表达能力培养，即培养学生讲解与汇报方案的能力。

4 教学改进探讨与措施

4.1 理论讲授阶段注重建立宏观和整体思维

本课程的任务是通过对城市形体和空间环境的整体构思和布局的训练，学生初步建立城市空间整体设计思维方法，了解城市设计的一般程序和深度，要求达到以下几点要求。

1）掌握城市设计范畴、理论和原则。要在极短的时间让学生了解城市设计的宏观理论，此阶段的讲授贵在控制有效的时间，如果讲授时间过长，学生反而容易忘记，并产生厌学情绪。

2）了解当代城市设计发展状况。有了上述宏观思维的导向，打破原来的教学顺序，导入当代城市设计发展状况的讲解，学生往往能到当地感受实际建设情况，调动学习的积极性。

3）掌握城市设计基本要素。对当代的发展有了初步理解，就可以提出城市设计的基本设计要素，并探讨每个要素的特点，让学生思考如何使用设计方法。

4）建立学习小组，让学生讨论城市设计的基本方法。在教学中，可以对学生进行分组，每组选择不同的设计方法研究、汇总、汇报、讨论、集中授课，对城市设计理论课程内容进行回顾，介绍城市设计的思维和设计的一般方法，并介绍城市设计的基本流程和深度要求。主要应达到以下目的：①初步理解城市设计的范畴、理论和原则；②初步学习和掌握城市设计的基本内容和工作方法；③培养并了解关于城市分析的现状分析、资料收集、空间分析、综合评价的技巧与方法；④讲解控制性详细规划和城市设计研究的相互联系；⑤提高城市设计分析、成果图文表述等综合专业能力。

以上学习方法可以打破传统的单一教学模式，让学生既是学习者，又是研究者。在教学中，充分激发学生的积极性。

4.2　任务书解读与现场踏勘阶段教学手段与方法的重构

讲解任务书及课题背景，进行分组安排，熟悉现状。布置现状调研、资料搜集整理的理论及方法如下。

1）案例研究：教师选择有代表性的案例，案例的选择与本学期的项目有相似性，让学生进行分组，每组研究一个案例，并做出 PPT 汇报文件。

2）解读任务书：有了上述的案例研究，学生对城市设计方法有了较为深入的理解，在踏勘之前，让学生解读任务书并与研究案例进行比较，找到解读项目的方法和突破点并整理出重点和难点。

3）现场调研：经过案例研究、任务书解读，学生在踏勘现场之前对项目就已经有了较为深入的研究，带着问题去踏勘，做到有的放矢。

4）模型推演：踏勘结束后，学生要立刻进行模型的建立，输入有效的信息并进行模型的推演，为设计构思做好铺垫。

5）小组研讨：对上述过程进行综合，做成汇报文件，分组讨论。

4.3　设计阶段加入城市设计方法的专项研究

城市设计是人们为某特定的城市建设目标所进行的对城市外部空间以及形体环境的设计与组织，所以在设计阶段需要加入城市设计方法的重点方向研究，笔者总结了近几年的设计重点，在教学中形成专题，让学生做设计的同时进行研究。

1）熟悉用地性质与外部空间的关系。研究城市土地和空间资源的利用，让学生熟悉各用地性质与空间资源的联系，了解更多的综合设计因素。

2）解读任务书及指标中的隐含信息。研究开发强度和土地使用的经济性，了解更多的经济条件，避免单一的形式化的设计。

3）研究新城城市开发的设计策略。在城市设计中，学生往往更关心形的设计，而忽略社会、人、城市的关系，此研究让学生更能抓住城市设计的本质。

4）研究新城城市风貌及其设计策略。在设计中即使是对形式的探讨，许多学生也难以抓住其中的主要矛盾，究其原因是对形体设计方法的欠缺，要引导学生对建筑形式、体量和风格、方法进行总结，才能在设计时做到有的放矢。

结合设计方案，建立系统空间模型，强调在设计概念下全面展开对功能结构、空间形态、交通系统、主要节点、重点建筑等城市系统的设计。注重对城市空间形态结构的把控，以及城市设计与控制性详细规划的相互支撑；注重对城市整体环境与局部地段的整合，既能够形成统一整体，又突出局部特点；注重主要轴线和重要节点的统一，通过城市廊道、公共空间节点形成系统的外部空间。

4.4　设计阶段融入对重点领域的研究

城市设计是一门综合性和协作性的学科，设计的完成需要团队的合作与分工，需要仔细研究任务书、查找资料、重点研究以及充分发挥团队的聪明才智，创造出优秀的设计作品。然而在实际教学中，往往忽略了重点研究这个阶段，没有重点也就没有特色。在教学中可以强调做好以下重点领域的研究，其研究成果最终也会成为设计成果的一部分。

1）每个城市都在不断追求最高、最贵的地标建筑，既创造了引以为傲的现代新城，又形成了各自群体的壁垒，失去了联系和交流的机会，您规划的城市如何最终使所有人都能参与对话，回归公众生活？

2）信息社会下，大数据将逐步成为城市的基础，小数据将更大限度地影响小区域，新时代下，我们将以怎样的方式来分析、定位、营造我们的城市？请以大数据为依托、小数据为主体展开设计，去探索未来的城市应该是什么样子。

3）规划区域内有多种用地性质，每一种用地性质都有其特征，请选择一种重构其现有的价值体系，形成新的使用功能、产业链、经济价值，让它重新展现更积极、更有影响的作用。

4）不同的学生有不同的想法，我们在教学中可以因材施教，如果学生提出一个其感兴趣的主题，也可以经指导老师讨论后确定。做到专业性和灵活性的结合，使每个学生都能找到兴趣点。

上面的方法重点在于启发学生找到自己的兴趣点，让他们自己去开启城市设计的理想之门，主动积极地融入设计之中。

5　城市设计教学内容与要求汇总

本课程是城乡规划专业的专业必修课，是城市设计的必修课程。本课程主要通过对城市设计的训练，使学生初步掌握城市设计的基本步骤和方法。本课程的任务是通过对城市体型和空间环境的整体构思和布局的训练，使学生初步建立城市空间整体设计思维方法，了解城市设计的一般程序和深度（表1）。

表1　城乡规划专业课程设置概览

设计课题	阶段	时间安排	主要内容	成果要求
城市设计	城市研究阶段	第7~8周16学时	专题：集中授课，对城市设计理论课程内容进行回顾，介绍城市设计的思维和设计的一般方法，并介绍城市设计的基本流程和深度要求（4学时）	相关资料搜集，进行实地参观调研，完成调研报告；每组汇报前期分析结果及基地调研报告；分小组提交PPT报告，结合现场调研进行分项汇报及问题研讨
			现场调研（4学时）	
			场地研究（8学时）	
	一次草图阶段：概念设计阶段	第9~10周16学时	理论研究周：明确方法，初步进行总平面布置。进行方案构思，形成设计概念（8学时）	总平面图、功能泡泡图、各类分析图解
			递交一次草图，综合初步设计概念，提出两到三种初步的空间系统设计方案，选择一个方向深入，并在课堂上进行研讨。设计概念，总平面布置，评分（8学时）	总平面图、各类分析图解、一次草图工作模型
	二次草图阶段：初步设计阶段	第11~12周16学时	城市研究、城市背景及场地分析研究，强调对城市问题的图示语言表达，可进行第二次现场调研踏勘，补充调研数据，强调设计与城市的整体融合，鼓励制作调查问卷（8学时）	设计构思：文字+分析图，强调设计概念及解析；总平面图（须绘制场地及环境）；总平面图分析（针对设计概念的系统分析及空间推演）；主要节点：平面、立面、剖面不限，结合模型透视
			递交二次草图、总平面图、各层平面图、地下层平面图等；二次草图完成，评分（8学时）	
	三次草图阶段：方案深化调整确定阶段	第13~14周16学时	结合初步设计方案，建立系统空间模型，重点强调在设计概念下对功能结构、空间形态、交通系统、主要节点、重点建筑等城市设计系统的全面展开（8学时）	整体模型（SketchUp模型，要求表现整体环境和基本建筑尺度）；城市研究、城市背景及场地分析研究，强调对城市问题的图示语言表达；设计构思：文字+分析图，强调设计概念及解析；总平面图（须绘制场地及环境）；总平面图分析（针对设计概念的系统分析及空间推演）；主要节点：平面、立面、剖面，以及空间透视意向
			完善确定最终方案，递交三次草图，PPT汇报，评分（8学时）	
	正图正模阶段：制图阶段	第15~16周16学时	辅导绘制正图，制作正模（8学时）	正图完成前有排版小样、透视稿；制作正图和正模
			正图完成，交作业。教师批注正图，作业点评（8学时）	完成A1正图

6 结语

总之，在城市化进入加速发展的时期，在各种科技日新月异、各种创新层出不穷的时代，人们对城市设计的要求越来越高，城市设计的广度更加宽阔，城市设计的深度也更加专业。教师需要在有限的课堂时间内，让学生跟上社会行业发展的速度，同时又能保持特色创新，重视对原有教学方法的重新探索、改革。

参 考 文 献

凯文·林奇.2001a. 城市形态[M]. 林庆怡, 陈朝晖, 邓华译. 北京: 华夏出版社.

凯文·林奇.2001b. 城市意象[M]. 方益萍, 何晓军译. 北京: 华夏出版社.

王建国.2001. 现代城市设计理论和方法[M]. 南京: 东南大学出版社.

王建国.2009. 城市设计[M]. 北京: 中国建筑工业出版社.

吴志强, 李德华.2010. 城市规划原理[M]. 4 版. 北京: 中国建筑工业出版社.

基于翻转课堂理念的城乡社会综合调查研究课程教学探索

麦贤敏　孟　莹　邓德洁

摘　要："城乡社会综合调查研究"为城乡规划专业本科教育核心课程，课程目标为构建学生社会综合调查的基本知识与能力框架。本文归纳整理了笔者在为期 3 年的教学实践中基于翻转课堂理念进行的课程教学设计，该教学设计提高了学生对相关知识的掌握程度，取得了较好的教学效果。本文还对教学实践中存在的问题进行了反思并提出了建议，提出在城乡社会综合调查研究课程中进一步提升教学效果的基本思路与方法。

关键词：翻转课堂；城乡规划专业；社会调查；教学设计

基金项目：国家自然科学基金项目"基于生活环境质量评价及情景模拟分析的民族地区小城镇规划策略研究"（项目编号 51508484）、西南民族大学教学改革项目"民族高校建筑学专业卓越工程师培养模式创新与实践"（项目编号 2015ZD03）

1　引言

西南民族大学城乡规划专业从 2002 年开始招生，截至 2017 年已连续招生 15 届。城乡规划专业本科教育的人才培养体系在办学过程中不断发展与完善。在城乡规划专指委的指导下，城乡规划专业人才培养的知识结构目标从原来的设计能力培养为主转向规划综合素质培养。翻转课堂理念作为以学生为主体、培养综合素质的教学改革理念，逐步应用于城乡规划专业本科课程教学中。

"城乡社会综合调查研究"这一课程的开设，顺应了提升人才培养目标的需要，积极探索"翻转课堂"理念在本科教学中的应用。该课程在西南民族大学城乡规划专业本科教学体系中受到的重视程度逐步提升。截至 2017 年，笔者负责西南民族大学城乡规划专业本科生"城乡社会综合调查研究"这一课程已有 3 年时间。2012 年，该课程内容作为尚未纳入正式培养计划的课外活动，以学生自愿报名的形式参加城乡规划专指委组织的每年一度的"城乡社会综合实践调研报告课程作业评选",由教师以课外辅导的形式开展。《全国高等学校城乡规划本科指导性专业规范(2013 年版)》中,"城乡社会综合调查研究"被列为专业选修课程,《全国高等学校城乡规划本科指导性专业规范(2016 年版)》中将其调整为专业必修课程。"城乡社会综合调查研究"正式纳入课程体系之后,延续了这种以学生为主、教师为辅的教学形式,成为翻转课堂理念在城乡规划专业本科教学中的试点课程。

本文整理了城乡社会综合调查研究课程中基于翻转课堂理念进行的教学设计,提炼教学设计中的关键环节与核心教学方法,并反思教学中遇到的难点与问题,为进一步提升教学效果提出思路与建议。

2 文献综述

2.1 翻转课堂

翻转课堂(the flipped classroom)2007 年起源于美国"林地公园"高中,2011 年随着萨尔曼·可汗(Salman Khan)在科技娱乐设计(technology entertainment design, TED)大会上的演讲报告"用视频重新创造教育"而成为教育界关注的热点。翻转课堂的核心在于对传统教学课程中的知识传授和知识内化进行颠倒安排,改变师生角色并对课堂时间的使用进行重新规划。知识传授在课外通过信息技术等手段完成,知识内化则在课堂上由教师和学生辅助完成(张金磊等,2012;钟晓流等,2013)。

翻转课堂在高等教育中并不是一个全新的理念,这种"先学后教"的模式,实质是由"被动学习"转变为"主动学习"。主动学习的教学方法主要包括合作学习、案例分析、同伴互助教学、基于问题的学习、基于项目的学习等。主动学习有助于提高学生的知识应用能力,鼓励学生创造性地解决问题,引导学生面向职业实践(杨春梅,2016)。传统课堂与翻转课堂的比较见表 1。

表 1 传统课堂与翻转课堂的比较

项目	传统课堂	翻转课堂
课程主体	教师讲授	学生学习
教学形式	课堂讲授+课后复习	课前学习+课上解惑
课堂内容	知识讲授	问题讨论与研究
评价方式	考试	多角度、多方式评价

2.2 城乡社会综合调查研究课程

《全国高等学校城乡规划本科指导性专业规范(2013 年版)》中指出,城乡规划本科专业应具备的知识结构包括"掌握相关调查研究与综合表达方法与技能"，且将"城乡社会综合调查研究"作为 25 个核心知识单元和 10 门核心课程之一。该规范中对社会调查研究相关知识单元的要求见表 2。

表 2 　《全国高等学校城乡规划本科指导性专业规范（2013 年版）》中对社会调查研究相关知识单元的要求

知识领域	知识单元	知识点	要求
城乡规划理论与方法	城乡社会综合调查研究	选题与文献综述	掌握
		社会调查类型与设计	掌握
		社会调查方法	掌握
		资料统计与分析	掌握
认知调研实践	社会调查研究	问卷编制与调查组织	熟悉
		调研数据分析的方法	掌握
		调查报告的撰写	掌握

城乡规划专业相关课程教师多年来对"城乡社会综合调查研究"的教学改革、相关课程的联动等内容进行了持续的研究，尤其对该课程应当达到什么样的目标、培养学生哪些方面的能力进行了探索。既有研究指出课程应达到使学生掌握调查的基本方法、培养正确的研究方法、初步具备思考和分析城市问题的能力、强化综合能力的培养等多层次目标（张晓荣等，2009；李浩，2006；李浩等，2007）。多个学校的课程结合全国"城乡社会综合实践调研报告课程作业评选"，围绕学生的实践报告展开，以问题为导向开展教学，进行翻转课堂的探索（范凌云等，2008；汪芳等，2010；张帆等，2014）。

2.3 　城乡社会综合实践调研报告课程作业评选

城乡社会综合调查研究课程是紧密围绕城乡规划专指委组织的"城乡社会综合实践调研报告课程作业评选"开展的。课程作业成果的要求为提交一份符合作业评选要求的城乡社会综合实践调研报告。

该作业评选每年举行一次，要求参评报告必须为参评学生所在学校该学年社会综合实践调查教学的一份课程作业。该项作业评选的目标在于培养城乡规划专业学生关注社会问题的职业素养，增强学生理论联系实际，以及将工程技术知识与经济发展、社会进步、法律法规、社会管理、公众参与等多方面结合的专业能力，培养学生发现问题、分析问题、解决问题的研究能力，提升学生文字表达水平和综合运用的能力。作业评选的内容要求为针对社会发展和城乡规划与建设，采用调查研究的多种方法，如访谈、问卷、案例分析等形式，发现客观现实中的问题，反映事实，掌握一定规律，体现学生对研究、分析方法的学习和掌握。

该项作业评选从 2000 年开始，多年来推动了全国城乡规划专业的社会调查相关课程教学质量的提高，并为相关课程教师有针对性地设置课程教学体系、培养目标提供了参照与借鉴（赵亮，2012；刘冬，2015）。

3　城乡社会综合调查研究课程教学设计

3.1　课程教学目标

城乡社会综合调查研究课程教学的主要目标为两个方面，一是培养学生关注城乡社会问题的职业素养，二是让学生掌握社会实践调研的综合知识体系。

课程教学中的主要知识点按照规范的要求，结合具体的教学实践，设定为如下几项：①关注城乡社会问题，掌握选题研判与规范以及文献综述的知识；②了解社会调查类型；③掌握研究设计的方法；④掌握社会调查的方法；⑤熟悉问卷编制与调查组织；⑥掌握调研数据分析与资料统计分析的方法；⑦掌握调查报告的撰写要点，提升文字表达水平。

3.2　翻转课堂的教学理念

基于课程教学目标与主要知识点，较之传统的教学方式，城乡社会综合调查研究课程更适合采用翻转课堂的教学理念。课程安排以学生确定调研主题、进行研究设计、开展调查研究、进行数据分析以及完成调研报告的书写为主线，以学生为主体进行教学设计。

在教师用前几节课搭建起知识框架后，即以学生分组开展调研的工作为主线展开课程内容的教学。学生在课外的时间完成自主学习、研究设计、调研组织、协作讨论、调研实践等内容，教师按照学生调研工作开展的进度进行有针对性的指导，并为学生在研究中遇到的问题进行答疑解惑。按照教学设计要求，学生自主学习、小组研讨的课外时间远远多于课内学时（图1）。

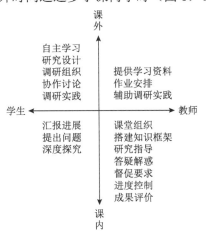

图1　翻转课堂教学设计框架

3.3 课程进度安排

城乡社会综合调查研究课程目前课时安排为 17 周，每周 4 节，共 68 学时（表 3）。由于学生的自学能力、积极性有限等客观原因，教学未能完全实现课堂的翻转，主要知识点尚需教师提纲挈领地进行讲解，学生再进行课下的相关研究推进。因此，在课程进度安排中，教师课堂教授的知识要点略提前于学生课外的研究实践。但主要的知识细节及应用方法留给学生在课下按照课表、参考文献进行自学。在调研实践中，学生遇到的问题在课堂上向教师进行反馈，师生针对问题开展深度讨论。

表 3　课程进度安排表

课时安排	学生课外研究	教师讲授及答疑要点
第 1~2 周	城乡社会观察与问题发现	社会调查与城乡规划综述
第 3~4 周	调研课题选题与文献综述	城乡社会调查的类型与基本概念
第 5~6 周	调研课题的研究设计与问卷编制	调查方案制订
第 7~10 周	调查组织与实践	社会调查的主要方法
第 11~14 周	调查数据分析	社会调查资料整理与分析
第 15~17 周	调查报告撰写	调查报告写作

3.4 课堂组织

授课教室采用学生的专用设计制图教室，而不选用一般的理论教室。教室布置为讨论室，方便小组成员之间的沟通交流，也利于营造研究讨论的氛围。

每周教师讲授核心知识点约为 1~2 课时，2~3 课时为学生汇报调研进展及课堂答疑讨论时间。课堂上大部分时间留给学生进行调研进度交流，并实时根据学生提出的研究问题进行深度探讨。

4　城乡社会综合调查研究课程教学效果与思考

4.1 教学效果

基于翻转课堂理念的城乡社会综合调查研究课程教学，在 2015~2017 年取得了较好的教学效果。第一，学生对课程内容表现出较高的热情，积极参加课堂汇报及分组讨论，学生在评教中对该课程的评分位于学院各课程前列。第二，学生的课程作业保持在较高水平，在每年的全国"城乡社会综合实践调研报告课程作业评选"中均获得一项或两项三等奖或优秀奖。第三，学生在调研选题、调查方法运用方面的基础能力呈现逐渐上升的趋势，2016年度，学生在整个调研环节中的自主能力明显提高，课程作业的综合水平有明显提高。第四，由于翻转课堂对教师能力的高要求，以及与学生研讨中教学相长的促进作用，这一教学改革的探索也促进了教师不断更新与提升自身的专业知识，以适应新的教学模式。

4.2　教学中的难点及问题

1）教学设计中面临的一大问题是翻转课堂教学需要以学生的自主性、积极性、上进心为前提开展，对于课外不认真投入的学生缺乏有效的管理措施。城乡社会综合调查研究课程以学生课外自主学习和研究为主，课堂上主要是知识内化的过程，学生作为主体的积极性与投入程度直接影响教学效果。目前的课程教学中，大部分学生由于课程作业将参加全国"城乡社会综合实践调研报告课程作业评选"而有较高的积极性，能够在课外较认真投入地开展自主学习。但亦有部分学生缺乏积极性与上进心，在课堂汇报中表现出研究进展迟缓，难以自主提出研讨问题。

2）教师在研究指导中的角色定位需要更慎重的自我控制。课堂时间主要用于针对学生在研究中的问题给予指导，时间相较于传统的教学方式显得比较紧张。每个教学班级约有8组学生，每周课程给予每组学生汇报和研讨的时间仅有10~15分钟。教师在与学生的研究讨论中，由于希望提高指导效率等因素，有时会直接帮助学生拟定研究题目、制订研究计划等，这对学生实际调查研究能力的培养存在不利影响。

3）翻转课堂的教学模式对教师能力的要求很高，需要教师进一步加强自身对课程内容的熟悉程度与研究的深度。传统的教学模式中，教师完成备课的内容就基本能够完成教学任务，45分钟的课堂安排基本掌握在教师手中。而在翻转课堂的教学模式中，教师需要当场回答学生提出的课程相关问题，并与学生开展深度研讨，对教师素质的要求明显更高。而"城乡社会综合调查研究"这样的课程，涉及面广，知识更新快，需要教师不断提升自身的科研水平与理论素养，甚至还需提升数据软件应用能力以改进教学效果。

4.3　下一步改进教学的思路

在下一步的课程教学中，教学团队将针对调动学生课外学习积极性、提高师生互动的有效性、提升教师学术水平等问题开展专题研究与讨论，以期实现更好的教学效果。

另外，《全国高等学校城乡规划本科指导性专业规范（2016年版）》中，将城乡社会综合调查研究课程大幅缩减学时至34学时。如何在更短的学时中实现同样甚至更好的教学效果，对教学团队是一个极大的挑战。在学时压缩的前提下，更需要进一步研究如何运用翻转课堂的思维，调动学生课外学习的积极性，提升课堂时间的效率。

5 结语

城乡社会综合调查研究课程所给予学生的视野与能力，绝不仅仅是最后一份调查报告所能涵盖的。该课程在整个城乡规划专业本科人才培养模式中占据着超出其学分和课时的重要意义。翻转课堂理念在该课程中的应用给师生双方都带来了良好的效果。

翻转课堂理念还可以进一步推广到城乡规划专业其他相似的本科课程当中，更好地发挥学生的主体作用，引导学生自主学好理论、应用知识，达到更好的教学效果，同时也促使任课教师不断更新知识与自我提升。如何更好地进行课程教学设计，更好地培养城乡规划专业本科生的综合职业素养，是值得投入更多时间与精力的课题。

参 考 文 献

范凌云, 杨新海, 王雨村. 2008. 社会调查与城市规划相关课程联动教学探索[J]. 高等建筑教育, 17(5): 39-43.

高等学校城乡规划学科专业指导委员会. 2013. 全国高等学校城乡规划本科指导性专业规范 (2013年版)[M]. 北京: 中国建筑工业出版社.

李浩. 2006. 城市规划社会调查课程教学改革探析[J]. 高等建筑教育, 15(3): 55-57.

李浩, 赵万民. 2007. 改革社会调查课程教学, 推动城市规划学科发展[J]. 规划师, 23(11): 65-67.

刘冬. 2015. 基于"规范"与"评选"的城乡社会综合调查课程建构[J]. 教育教学论坛, (27): 35-36.

汪芳, 朱以才. 2010. 基于交叉学科的地理学类城市规划教学思考——以社会实践调查和规划设计课程为例[J]. 城市规划, 34(7): 53-61.

杨春梅. 2016. 高等教育翻转课堂研究综述[J]. 江苏高教, (1): 59-63.

张帆, 邱冰. 2014. 基于问题导向的城乡社会综合调查研究课程教学模式探索[J]. 建筑与文化, (12): 124-126.

张金磊, 王颖, 张宝辉. 2012. 翻转课堂教学模式研究[J]. 远程教育杂志, 211(4): 46-51.

张晓荣, 段德罡, 吴锋. 2009. 城市规划社会调查方法初步——城市规划思维训练环节[J]. 建筑与文化, (6): 46-48.

赵亮. 2012. 城市规划社会调查报告选题分析及教学探讨[J]. 城市规划, 36(10): 81-85.

钟晓流, 宋述强, 焦丽珍. 2013. 信息化环境中基于翻转课堂理念的教学设计研究[J]. 开放教育研究, 19(1): 58-64.

城乡规划专业知识架构下的公共建筑设计原理课程知识点体系研究

唐　尧

摘　要：公共建筑设计原理课程是城乡规划专业本科阶段培养方案的构成课程之一。本文从该课程与城乡规划学知识点的结合入手，提出该课程知识点设计的基本原则，指出该课程知识点设计的切入点，建立城乡规划专业知识架构下公共建筑设计原理课程知识点的新体系，促进该专业学生认识、理解城市空间、城市形象、城市功能等相关理论，形成完整的学科概念。

关键词：高等教育；城乡规划；公共建筑设计；知识体系

在各高校城乡规划专业的培养方案中，公共建筑设计原理课程一般被列为专业选修课程，并且课程的开设以一、二年级居多。城乡规划专业的培养方案大都是在一、二年级的专业设计课程中主修建筑设计的相关内容，在二年级下学期或三、四、五年级进行城乡规划专业的专业设计课程的学习。对比公共建筑设计原理课程的开设学期和城乡规划专业设计课程内容在培养方案上的安排，公共建筑设计原理课程不应仅仅局限于低年级的建筑设计专业课的相关内容，还应为城乡规划专业后续的主干专业设计课程服务。而现阶段的公共建筑设计原理课程的教材编写及知识点体系建立是围绕建筑学专业需求的，以建筑空间组合、功能分区、造型设计、总平面设计等知识点为主体。虽然其中的总体环境布局、建筑与城市背景等知识点与城乡规划具有一定的相关性，但所占比例较小，不足以支撑城乡规划专业学生在高年级阶段的学习与利用。所以，城乡规划专业培养方案中的公共建筑设计原理课程的知识点体系亟须调整，知识点应从多方面覆盖城乡规划专业学习的全周期。

1 知识点体系设计原则

1.1 新的知识点体系应保留既有知识点体系的合理部分

在城乡规划专业知识架构下进行公共建筑设计原理课程知识点体系的设计，并不是全盘否定既有的知识点体系，而是对既有知识点体系中的合理部分进行保留，新的知识点体系的调整应该在既有体系的大框架下进行。既有的公共建筑设计原理课程的知识点体系是从外部空间到内部空间、从功能组合到建筑造型、从建筑结构技术到设计规范等全方位地阐述公共建筑的设计原理，其合理性不言而喻。保留该部分内容有助于学生全方位地熟悉公共建筑设计的流程以及所关注的微观问题，建立起完整的公共建筑设计理论架构。新的知识点体系应在不摒弃上述原有知识点内容的同时对其内容进行合理的调整，降低其对建筑学相关知识点的过分依赖，从多角度融入城乡规划专业的相关知识点，并对两个专业知识点分布的比例关系进行控制。

1.2 新的知识点体系应结合城乡规划专业的学科特点

新的知识点体系与既有知识点体系的最大区别在于与城乡规划专业学科特点的结合程度不同。新的知识点体系的建立应关注城乡规划专业的专业视野和学科需求。城乡规划专业的专业视野是宏观的和综合的，学科需求是培养能够独立或合作解决城市综合问题、提出各阶段城乡规划设计方案的人才。所以，新的知识点设计应多关注公共建筑设计中的宏观要素内容，诸如公共建筑总体环境布局、公共建筑总平面设计与城市道路、周边建筑和其他环境的关系等知识点，使学生建立起公共建筑设计的宏观概念。城乡规划专业强调对政策法规、社会伦理、城市系统、数据指标等问题的认识，而公共建筑是维持城市正常运转的重要角色之一，并与上述问题之间相互影响。所以，新的知识点体系应对公共建筑设计与城市的关系方面进行合理的倾斜，从政策法规、社会伦理、城市系统、数据指标等城乡规划专业所关注的问题入手，增加城市问题与公共建筑设计相关的知识点，使该专业学生能够理解城乡规划设计工作与公共建筑设计的密切联系。

2 知识点设计

在城乡规划专业背景下，公共建筑设计原理课程的知识点设计应从多层次、多角度入手，建立公共建筑设计内容与城市规划之间的联系，合理调整其知识点构成比例，有意识地向城乡规划专业所需求的知识进行倾斜。

2.1　公共建筑总体环境布局与城市空间

公共建筑总体环境布局的内容阐述了公共建筑外部环境设计和群体空间组合的相关内容，而此部分设计内容是公共建筑与城市互动的直接媒介，是城市空间与公共建筑内部空间进行衔接的过渡空间。所以，在设计此部分内容的知识点时，除外部空间组成内容和组合方式的知识点外，应着重强调并增加公共建筑外部空间界面与城市空间的衔接设计、不同的公共建筑外部空间组合方式对城市空间的影响，以及城市客观条件对公共建筑外部空间设计的限制等知识点，使城乡规划专业学生能够从城市空间的角度去思考公共建筑外部空间的设计，进而形成在大环境背景下进行外部空间设计的思考方式。

2.2　公共建筑总平面设计与《城市规划管理条例》

公共建筑总平面设计包括建筑布局、场地设计、流线设计等方面，《城市规划管理条例》是从规范和指标层面对公共建筑总平面设计进行约束的，诸如道路等级、开口要求、用地性质、用地指标等在实际工程设计中对公共建筑总平面设计影响巨大的因素。也正是如此，完善的《城市规划管理条例》是建立在对各类建筑设计需求清楚的基础之上的。公共建筑包括的建筑类型最多、最复杂，受《城市规划管理条例》影响的程度也最深。所以，对于城乡规划专业来说，正确认识公共建筑总平面设计与《城市规划管理条例》的关系尤为重要，直接影响实际工作中制定城市相关管理规定的合理性。

2.3　公共建筑近地空间的功能设计与城市活动

公共建筑的近地空间一般为距地面地坪标高正负两层层高范围的空间，是人与公共建筑互动以及活动发生的主要区域。公共建筑近地空间的功能设计直接影响人的活动方式，进而影响城市活动，而城市活动的需求也在多方面对近地空间的功能选择有一定程度的约束。对于近地空间功能设计的探讨是从竖向上对公共建筑功能分区进行设计，关注所选择的功能类型与城市活动的互动关系，以及对城市活动产生的积极的刺激作用。

2.4　公共建筑造型设计与城市形象和城市要求

在既有的公共建筑设计原理课程中，公共建筑造型设计着重强调造型构思方法、形体组合方式、建筑形态研究、形式美原则等内容，而关于公共建筑造型对城市形象的影响的内容较少。公共建筑作为城市建筑群的重要组成部分，因其造型设计相对于居住建筑与工业建筑受限较少，在多个方面影响着城市形象。公共建筑成为城市地标、城市名片的案例屡见不鲜，甚至有的城市因为一个公共建的建设而改变其城市性质。可见，公共建筑的造型对城市的影响更加直接，也更为宏观。所以，补充公共建筑造型对城市形象影响的理论知识就显得尤为迫切。这可以帮助城乡规划专业学生在公共建筑设计理论的基础上，从城市形象的角度去判断公共建筑设计的合理性。可以在城乡规划的实际工作中，从建筑风貌、建筑形体、建筑高度、建筑色彩、建筑材料、建筑照明等多方面对公共建筑设计进行合理的规定，指导建筑设计实践，从而塑造良好的城市形象。

3 知识点体系

综合既有公共建筑设计原理的知识点体系与前述城乡规划学架构下新的知识点设计，整理形成如表 1 所示的公共建筑设计原理知识点体系新框架。

表 1 公共建筑设计原理知识点体系新框架

序号	章节名称		公共建筑设计原理知识点及教学要求		学时
1	公共建筑概述	1	公共建筑设计原理课程的学习内容	了解	2
		2	公共建筑概念及分类	熟悉	
		3	公共建筑的历史及发展趋势	熟悉	
		4	公共建筑设计工作的基本内容及流程	掌握	
2	公共建筑与城市	1	公共建筑对城市的影响	掌握	2
		2	城市对公共建筑的要求	掌握	
		3	公共建筑与城市的互补	熟悉	
3	公共建筑总体环境布局设计	1	公共建筑总体环境布局的组成	熟悉	8
		2	公共建筑的环境布局与周边环境的关系	熟悉	
		3	公共建筑（群体）环境布局的设计	熟悉	
		4	公共建筑外部空间界面与城市空间的衔接	掌握	
		5	公共建筑外部空间形式对城市空间的影响	掌握	
		6	城市要求对公共建筑外部空间设计的影响	掌握	
4	公共建筑总平面设计	1	公共建筑总平面设计的内容	熟悉	8
		2	公共建筑总平面的竖向设计	熟悉	
		3	公共建筑总平面交通设计及与城市道路的对接	掌握	
		4	《城市规划管理条例》对公共建筑总平面的影响	掌握	
5	公共建筑功能分区及空间组合设计	1	公共建筑功能分区的内容及分类	熟悉	4
		2	公共建筑功能分区设计的基本原则	掌握	
		3	公共建筑空间的组成及组合方式	熟悉	
		4	公共建筑近地空间的功能设计与城市活动	掌握	

续表

序号	章节名称		公共建筑设计原理知识点及教学要求		学时
6	公共建筑造型设计	1	公共建筑造型设计的形式美规律	熟悉	6
		2	公共建筑的体量处理	熟悉	
		3	公共建筑造型设计的构思方法	熟悉	
		4	公共建筑造型与城市形象	掌握	
		5	城市对公共建筑造型设计的要求	掌握	
7	公共建筑设计规范及法规要求	1	公共建筑设计的主要强制性法规	了解	2
		2	公共建筑防火的主要设计措施	了解	
		3	公共建筑防灾的主要设计措施	了解	
合计	共 7 章		共 29 个知识点		32

4 结语

公共建筑设计原理课程作为城乡规划专业培养方案的课程之一，应当对城乡规划专业的学科需求做出有效的呼应。城市规划对公共建筑设计的影响是深入和多方面的，同时公共建筑的建设也影响着城市规划的成果。所以，在公共建筑设计原理课程中增加与城市规划相关的知识点，合理地向城乡规划学科倾斜，提高该专业学生对公共建筑设计认识的全面性，保证城乡规划工作中公共建筑相关规定制定的合理性，充实城乡规划专业学科的知识架构，达到学科共赢的目的。

参 考 文 献

陈金泉. 2012. 城乡规划专业教育课程体系构建[J]. 教育教学论坛, (10): 240.

陈睿, 余志红, 林阳, 等. 2010. 建筑与规划专业基础理论课的教学创新——以《公共建筑设计原理》为例[C]. 全国城市规划专业基础教学研讨会.

戴军. 2015. 浅议城乡规划专业本科教育职业化能力的培养[J]. 高等建筑教育, 24(6): 5-9.

丁娜. 2015. 公共建筑设计原理的模块化初探[J]. 赤峰学院学报(自然科学版), (11): 49-50.

樊莹, 史岩. 2011. 建筑学专业教育中原理课程教学改革初探[J]. 城市建设理论研究: 电子版, (35): 1.

彭黎君, 罗小娇, 向铭铭. 2015. 城乡规划学低年级课程教学模式的探索[J]. 东方教育, (9).

王载波, 陈玲. 2009. 新形势下建筑设计原理课的创新探索——以"公共建筑设计原理课"的教学改革为例[R]. 全国建筑教育学术研讨会.

张赫, 卜雪旸, 贾梦圆. 2016. 新形势下城乡规划专业本科教育的改革与探索——解析天津大学城乡规划专业新版本科培养方案[J]. 高等建筑教育, 25(3): 5-10.

张洪波, 姜云, 王宝君, 等. 2016. 新时期城乡规划专业特色应用型人才培养的途径[J]. 高等建筑教育, 25 (2): 25-27.

张慧娜. 2016. 基于应用型人才培养的公共建筑设计原理课的教学研究[J]. 教育: 文摘版, (2): 63.

张文忠. 2008. 公共建筑设计原理[M]. 4 版. 北京: 中国建筑工业出版社.

郑德高, 张京祥, 黄贤金, 等. 2011. 城乡规划教育体系构建及与规划实践的关系[J]. 规划师, 27 (12): 8-9.

新形势下城市道路与交通规划课程教学改革思考

靳来勇

摘　要： 城市道路与交通规划是城乡规划专业的核心课程之一，是城乡规划专业学生掌握、应用交通规划知识和技能的主要学科平台。本文分析了该课程在城乡规划专业现有教学过程中存在的问题，剖析了城市道路与交通规划课程的特点，研究了新形势下该课程在学科知识体系中的作用和教学所面临的挑战和要求，然后分别从教学思想与理念、教学方法改革、课程课时安排、引导鼓励学生参加交通规划实践等角度研究课程改革的内容，探索新形势下的教学革新。

关键词： 城市道路与交通规划；教改研究；城乡规划

1　引言

城市道路与交通规划课程是城乡规划专业的核心课程之一，该课程是城乡规划学科体系中阐述城市道路与交通规划的理念和基本知识、解决实际交通问题步骤与方法的课程。通过该课程的学习，学生在掌握交通规划相关知识、设计基础知识的同时，熟悉城市交通理论基础、研究方法，提高城市道路与交通规划的理论水平和实践能力。

城市用地是城市交通的载体，城市用地的规模、功能、空间形态、开发强度等因素决定了城市交通的需求特点、供给类型、系统设计以及交通运输的效率；城市交通系统的状况在一定程度上决定了城市用地的交通可达性和土地利用价值，并影响城市空间规模和用地布局。正是因为城市交通与城市用地之间存在显著的互动耦合关系，城市道路与交通规划课程对于城乡规划专业就显得尤为重要。

我国城乡规划学科大多从建筑学中衍生出来，目前城乡规划专业的城市道路与交通规划课程教学很大程度上延续了建筑学背景下的教育模式，重视物质空间形态，强调交通供给系统的构建。然而，随着我国城镇化进程的不断推进，城市已经变得越来越复杂，城市之间以及城市内部空间、功能的差异分化日趋突出，这导致城市之间以及城市不同区域间的交通需求千差万别，交通系统的供给已经超越了传统的单一供给模式，更加强调多种供给系统的合理组合以及交通供需的合理平衡或互相制约。城市本身已经变得越来越复杂，传统的城市道路与交通规划教学中较少涉及新形势下交通应对思维和实践技能，建筑学思维模式下的学科体系和技术方法已经难以适应日趋复杂的城市交通问题，这对城乡规划专业的城市道路与交通规划教学提出了新的要求和挑战。

2 现有教学存在的问题

城市道路与交通规划课程开设的目的是帮助城乡规划专业学生掌握城市道路与交通规划基本知识，理解交通与用地之间的互动耦合关系，掌握多种条件下交通系统的合理构建，形成交通供需有效平衡或合理制约的高效、低碳的交通系统，并掌握核心的交通工程实践的知识和技能。作为西南民族大学城乡规划专业的核心课程之一，该课程培养了城乡规划专业学生在城市道路与交通规划方面的知识与能力，开拓了本科生的专业领域与视野，但仍然存在一些不足。

2.1 交通系统整体思维能力的培养不够，学生应对复杂交通问题的能力较弱

交通系统具有复杂性、综合性、整体性的特点，这种特点决定了城乡规划专业的学生要具备扎实的专业知识、系统的思维习惯和一定的创新能力；系统思维能力的养成要贯穿于城市交通规划课程教学与实践的各环节，逐渐培养学生处理复杂交通问题的能力。

西南民族大学城乡规划专业城市道路与交通规划课程开设在第五、第六学期，学生在之前的专业课程学习中，更多的是依托建筑学，侧重于物质空间形态的规划设计学习，更关注方案设计的空间表达、专业规范的掌握。学生已经习惯于物质空间的实体设计，注重最终"蓝图式"的空间和图面的表达。

城市交通是一个复杂、综合、多变的系统，需要学生具备综合性、思辨性的思维习惯，交通系统是空间设施规划与交通政策、战略的综合，是以定量预测为主、定性判断为辅的结合。在城市道路与交通规划课程的学习中，学生习惯于以主观判断、定性分析为主，侧重于从构图和空间形式上进行研究，欠缺定量化、思辨性的系统思维。学生对轨道网、道路网、交通设施的规划等单一系统掌握的情况普遍较好，但对多系统组合应用的综合思维能力较弱，对于交通发展政策和管理措施等涉及城市交通发展战略的内容，学生重视程度明显不够。

城乡规划和交通规划在方法论和侧重点上存在较大差异，学生已经习惯从物质空间角度单一线形地学习交通规划课程，导致对交通需求的定量化分析重视不够，从交通系统整体角度出发思辨性地解决城市交通问题的能力不足，目前从西南民族大学城乡规划专业学生的学习成效来看，学生应对复杂交通问题的能力偏弱。

2.2 授课内容多，课时安排不足，理论学习与设计实践难以并重

城市道路与交通规划课程涉及面广、专业知识内容多。目前采用的教材分上、下两册，上册主要介绍道路规划设计的基本知识，下册主要介绍各类交通规划与相关交通政策，包括铁路、港口、航空港、公路、城市公共交通、城市轨道交通、道路网、货运交通、慢行交通、停车系统、交通调查与交通特征、交通战略与交通政策等内容，课程内容多而杂，且多为基础、核心内容，对学生的要求大多不是了解熟悉而是需要掌握和应用。

该课程在城乡规划专业的课时上仅安排了 68 个学时，上、下学期各 34 个学时，受课时限制，课堂教学节奏紧张，学生讨论和思考的时间不足，实践环节缺乏，使得工程技术性很强的交通课程偏向于理论讲授，学生对该课程的掌握缺乏系统思维和工程认知，理解不完全、不深入。

3 面临的新形势

3.1 在城乡规划学科体系和规划实践中的地位和作用明显上升

从传统的角度看，城市道路与交通规划在规划学科体系中一般认为处于从属地位，因而该课程在授课计划上大多按照理论课程来安排，学时也非常有限。该课程授课教师的学科背景往往也是以规划专业为主，一般不配备具有交通工程、交通运输规划与管理背景的专业教师。教学方式多是分条框、分系统地安排授课，定量化内容重视不足，交通各系统组合式综合性授课内容少，理论学习与工程实践缺乏结合。

从规划实践看，在我国新型城镇化、快速机动化双重背景下，多数城市交通拥堵恶化蔓延、交通供需严重不匹配、交通系统与用地开发严重不协调的矛盾逐步凸显并日趋严重，交通问题在很多城市已经成为顽疾，成为"城市病"的典型代表。在规划阶段重视交通问题、构建美好交通愿景已经成为业界共识，而传统原理式的城市道路与交通规划课程无法深入解释现实的交通现象、难以培养学生解决实际复杂交通矛盾的能力。交通问题的复杂化、凸显化要求城乡规划专业学生对交通理论、规划技能的掌握程度明显加深，这些新问题和新要求是传统的培养计划、授课方式难以适应和解决的。

3.2 知识更新快、技术手段新，知识领域开放化、交叉化

随着城市交通问题的日益凸显与激化，交通规划理论研究和技术手段创新得到快速发展，交通规划涉及的知识范围不断扩大、技术手段不断深入。比如《中共中央国务院关于进一步加强城市规划建设管理工作的若干意见》中提出了"内

部道路公共化""窄马路、密路网""建成区平均路网密度提高到 8 公里/平方公里""中心城区公交站点 500 米内全覆盖"等多个新的理念和要求，这些新理念和要求已经突破了传统的交通规划技术规范和指标体系。

机动车的快速增加对空气污染的影响逐步引起重视，对交通问题的关注已经突破交通本身，因雾霾严重而采取机动车限行措施在一些城市已经实施；共享单车、滴滴打车等共享经济发展中出现的新型出行方式在很多城市迅猛发展；基于手机信令的交通数据采集手段已经在多个城市的交通调查中采用，大数据应用正在催生交通规划 2.0 版。这些交通规划新理论、新手段的出现已经突破了教科书的内容，完全依靠教材已经无法适应新形势的要求，需要将新理论、新手段纳入教学内容中进行探索和研究。

3.3 增量规划向存量规划转变背景下课程内容侧重点的变化

在经济发展由高速向中低速转变的新型城镇化背景下，多数城市人口进入缓慢增长阶段，城市规划及相关规划理念及方法正在发生转变，我国多数城市已经进入由增量规划向存量规划转变的转型期。在此背景下，传统的增量规划思维定式下，以扩大交通供给为主的课程内容已经难以适应规划实践的要求。

城市交通规划更多的将是优化型或者紧缩型规划，规划思路从如何将交通系统的容量做得更大逐步转向将交通系统的容量分配得更合理。这对课程内容的侧重提出了新的挑战和要求，课程内容从侧重路网、公交、停车等单一系统的基本知识的掌握逐步转向多个系统的合理组合，对学生的思维、知识、技能提出了更加综合的要求。

4 教学改革的探讨

在新形势下，城市道路与交通规划课程教学需要改革，传统教学计划、教学培养方案很难适应新形势下新思维、新问题、新知识、新技能的规划实践要求。城市道路与交通规划教学应从以往追求教学内容完整性的知识型教育转向强调适应规划实践的思辨型、能力型教育。

4.1 增加课程学时，增强课程的工程实践性

针对城市道路与交通规划课程专业知识涉及面广、定量化要求高、工程实践性强的特点，较少的课时安排难以适应教学要求，应当增加课程学时。以同济大学城乡规划专业本科教育为例，其城市道路与交通规划课程的总学时约为 100 个，而西南民族大学该课程的总学时仅为 68 个，建议适当调整教学计划，增加该课程的总学时。增加的学时主要用在综合案例评析、学生作业评讲、工程实践现场认

知等方面。

从建构主义教学观看，鼓励学生增加现场认知可以提高学生学习兴趣，加深对课程内容的理解，比如道路横断面规划、路缘石转弯半径确定、交叉口冲突点分析、综合交通枢纽规划、交通拥堵改善等内容均可以增加现场实践教学，学生亲自去体验交通实际，以直观的感受加深认识。

4.2 重视课程的案例教学，提升对交通系统的综合思维能力

案例教学具有启发性、实践性，是一种提高学生分析能力和综合素质的教学方法。针对交通规划实践性、工程性强的特点，案例教学方式非常适合城市道路与交通规划课程，既可以充分调动学生学习的积极性，又可以显著提高学生的综合实践能力和思维能力。

课程教学案例尽量选取已建成使用的实际案例，所选案例应是兼具优点、缺点的典型案例和特色案例。典型案例体现普遍规律，特色案例突出体现某个方面的特色，开阔学生的视野，增加学生灵感。

案例教学可设置学生分组讨论环节，由三四个学生组成一个小组，组长负责组内讨论工作，代表小组发言，分组讨论的目的在于激发学生的思辨思维，各小组讨论完毕后，教师对各小组的观点进行总结，分析案例的优点与不足，并指出哪些应该进一步深入思考，引发学生课后思考。

4.3 鼓励学生参加交通类竞赛和课题申报，支持专业教师参加各类学术会议

教育包括"教"与"学"两个方面，针对城市道路与交通规划课程知识点多样、广泛的特点，教学中强调"学"更有必要。城市道路与交通规划课程教学体系的边缘是开放的，鼓励倡导式教学，引导学生开放式学习尤为必要。鼓励学生参加交通类规划、调研竞赛，可以充分调动学生自主学习的积极性，引导学生发现问题、解决问题。

以西南民族大学城乡规划专业为例，学院动员鼓励学生积极参与城乡规划专指委举办的交通调研竞赛，学生参与热情高，通过自由组合形成了若干小组，在专业教师的引导下，各个小组提出自己的调研课题，"共享单车停放问题""成都交叉口直行待行区设置问题""成都 HOV 车道设置问题""成都非机动车蓝色车道设置问题""成都双流机场限停三分钟问题"等多个交通热点、难点问题被学生提出，并在教师的指导下通过现场调查、课程内容深入再学习、查阅相关文献等过程，完成了各自的调研报告。另外，结合目前学校组织的大学生创新创业项目申报，城乡规划专业学生非常积极，提出了多个交通类的大学生创新创业

课题。形式多样的交通类竞赛和课题申报，极大地提高了学生对交通课程的学习兴趣，加深了学生对课程内容的理解，开阔了学生的视野，提高了学生对交通问题的综合思维能力和应用技能。

近几年交通规划知识体系更新加快，新规范不断出台，大数据在交通规划中的应用日趋深入，这对专业教师也提出了新的要求和挑战，为适应新形势，支持专业教师参加各类学术会议，与同行多交流、多学习是更新和提升专业教师知识体系的重要手段。

5　结语

应该看到传统的城市道路与交通规划课程教学还存在诸多不足，难以适应新形势下对学生培养的要求，需要改革。城市道路与交通规划课程教学应从以往追求教学内容完整性的知识型教育方式转向强调适应规划实践的能力型教育方式，在转变过程中还有很多课程改革问题值得深入思考和研究。

参 考 文 献

高悦尔, 欧海锋, 边经卫. 2017. 《城市道路与交通规划》课程教学困境与改革探索——以华侨大学为例[J]. 福建建筑, (4): 118-120.

刘丽波, 叶霞飞, 顾保南. 2012. 《轨道交通线路设计》课程教学改革的研究[J]. 教育教学论坛, (30): 86-88.

汤天培, 徐勋倩, 王钰明. 2013. 任务驱动法在交通规划课程教学中的应用[J]. 高等建筑教育, 22(6): 78-82.

汪芳, 朱以才. 2010. 基于交叉学科的地理学类城市规划教学思考——以社会实践调查和规划设计课程为例[J]. 城市规划, 34(7): 53-61.

王超深, 陈坚, 靳来勇. 2016. "收缩型规划"背景下的城市交通规划策略探析——基于情景分析及动态规划理念的启示[J]. 城市发展研究, 23(8): 88-94.

吴娇蓉, 辛飞飞, 林航飞. 2012. 提升学生实践能力的卓越课程《交通规划》教学改革研究[J]. 教育教学论坛, (30): 23-25.

张兵, 艾瑶, 秦鸣. 2014. "交通规划"场景式案例教学模式研究[J]. 教育与教学研究, 28(11): 68-70.

张勤, 张海丽, 张绿水. 2013. 案例教学在《园林规划设计》课程中的应用[J]. 天津农业科学, 19(7): 87-91.

赵发兰. 2017. 城乡规划专业引导式教学改革与实践的探究——以青海大学城乡规划专业《城市规划设计（一）》课程为例[J]. 教育教学论坛, (11): 128-130.

郑素兰, 唐燕. 2014. 体验式教学在《园林规划设计》课程中的运用研究[J]. 西南师范大学学报（自然科学版）, (12): 205-209.

风景园林学导论课程的构建与实践

——以西南民族大学为例

陈　娟　王长柳　曾昭君　周　媛　黄麟涵　黎　贝

摘　要：风景园林学导论课程是风景园林专业的入门课，通过该门课程的学习，学生可以宏观了解专业的发展历程、知识结构体系、学习方法、职业素养等内容，从而建构起完整的专业认知地图，增强学习的兴趣及主动性。本文从课程开设的必要性、课程内容、教学手段、考核方式等方面介绍了风景园林学导论课程在西南民族大学的开设情况，并对其中存在的问题提出了展望。

关键词：风景园林；导论课程；课程构建；实践

风景园林学在中国有着悠久的发展历史，当前在生态文明建设和建设美丽中国的大背景下又散发出新的活力，是一门古老又年轻的学科，与建筑学和城乡规划学共同组成了人居环境科学体系。西南民族大学风景园林专业设立于2011年，为了适应新的发展形势，让学生尽快建立专业认知体系，增强学习的兴趣及主动性，提高教学质量，在2013年调整教学培养方案时增设了风景园林学导论课程，作为专业入门课针对大一学生开设。但该课程目前还没有统编教材，开设该课程的高校在教学目标、教学内容、教学方式等方面都不尽相同。西南民族大学风景园林专业教师在4年的教学实践中不断摸索改进，取得了较好的效果，但也存在一些不足，在此与大家共同探讨。

1　开设导论课的必要性

1.1　有利于明确学习方向

风景园林学具有多样的学术背景及归属体系，是一门综合性、交叉性较强的专业。截至2012年，全国开设风景园林本科专业的高校有184个，包括建筑类高校、农林类高校、艺术类高校和综合性高校，其课程体系、培养目标、师资力量等方面都存在较大的差异。而西南民族大学风景园林专业 2016 年和 2017 年第一志愿录取比例为 59% 和 52%，约有一半的学生对专业的了解不够充分，导致大一新生对专业学习非常茫然，在新生见面会上总是提出"我们会学建筑吗""要学栽花种树吗""要画画吗"等问题。导论课的开设可以解决新生最关心的风景园林专业"学什么""怎么学""毕业后能做什么"的问题，形成良好的专业思维，明确学习目标。

1.2 有利于掌握学习方法

西南民族大学风景园林专业是以建筑学为基础，包括学科基础教育（一/二年级）、专业拓展教育（三/四年级）和综合教育（五年级）三个阶段。在一、二年级阶段主要以建筑设计基础、建筑设计和其他建筑类课程为主，注重基础知识的学习积累，强调空间设计基本能力和思维能力的培养和训练，为专业拓展教育打好基础。但有的学生只专注于建筑单体的学习，而忽略了建筑与外部空间的联系，没有储备好风景园林专业的相关理论知识，在三年级进入专业拓展教育时思维难以转换，产生较长时间的困惑。通过专业导论课，学生全面了解专业课程体系，构建起专业的认知地图，并能够按照此认知地图去学习，而不是依靠盲目的行为习惯学习。通过建立课程与课程之间的联系，学生形成良好的认知结构，掌握科学的学习方法。

1.3 有利于提高专业兴趣

"兴趣是最好的老师"，学习兴趣是学生主动学习、勇于创新的强大动力。在城市化和生态文明建设大背景下，风景园林专业有着极大的发展潜力，承担着"平衡人类与自然的关系、让国土实现绿水青山、建设美丽中国"的任务。通过专业导论课，学生可以清楚地了解到风景园林专业领域的发展历史、现状及发展前景。从而对专业树立起自信心和自豪感，激发专业学习的兴趣，重视专业，热爱专业，点燃学习的动力，避免出现盲目转专业的情况。

1.4 有利于提前做好职业规划

大学只是人生的一个重要阶段，也是决定未来发展的关键时期，大学教育有责任和义务帮助每一位学生了解自己的专业选择，促进每一位学生做好自己的大学学习规划，为走向未来职业奠定基础。然而，有部分学生到了四年级还在考研和就业之间摇摆不定，甚至临近毕业时才发现从未筹划过自己的未来。导论课的开设可以使学生更早更好地明白专业的特点，根据自己的兴趣爱好选择自己的发展方向，及时和专业教师交流，提前做好自己的职业规划，做到未雨绸缪。

2 构建课程内容

风景园林学导论课程是学生接触到的第一门专业必修课，大部分学生对专业还不甚了解，对专业知识、专业术语还很陌生。因此，在课程内容上坚持基础性和概括性、方向性和引导性的原则，对具体专业内容不做深入讲解，只需要做方向上的引导和方法上的指导，客观、全面地对专业进行介绍（表1）。

表1 风景园林学导论课程内容

周数	课程内容	学时
第一周	风景园林专业概述	2
第二周	风景园林与相关学科的关系——与建筑学的关系	2
第三周	风景园林与相关学科的关系——与城乡规划的关系	2
第四周	风景园林与相关学科的关系——与生态学的关系	2
第五周	风景园林设计的学习方法	2
第六周	风景园林师的职业素养	2
第七周	风景园林未来职业发展	2
第八周	讨论与总结	2

2.1 风景园林专业概述

从园林的概念、内涵、功能、类型等方面对风景园林展开释义；介绍风景园林作为一门学科在国内外的发展历程；详细讲解西南民族大学风景园林专业的基本情况、培养目标、课程体系、教学特点、发展方向等内容。

2.2 风景园林与相关学科的关系

《高等学校风景园林本科指导性专业规范（2013年版）》中指出与风景园林相关的有7个学科门类21个学科,其中关系密切的一级学科有建筑学、城乡规划、生态学。因此从建筑学的学科基础地位、城乡规划宏观层面的指导、生态学作为专业内核等几个方面结合相关案例剖析风景园林与相关学科的联系和区别。

2.3 风景园林设计的学习方法

针对风景园林学科自身的特点，从现场调研、收集资料、绘图表达、口头表达、团队协作等方面讲解多种学习方法。

2.4 风景园林师的职业素养

强调现代风景园林师应具有五大专业观：生活观、自然观、科学技术观、空间环境观、实践观；风景园林师应具备社会责任感和可持续发展观。

2.5 风景园林未来职业发展

从就业、考研、出国、创业等方面全方位、多角度地分析风景园林未来职业的发展方向，帮助学生提前做好学业规划和职业规划。

3 教学方式

3.1 轮流制教学

专业导论课不像其他专业课程只围绕某一专业领域做深入研究，而是需要形成一个点、线、面相结合的完整的专业认知体系，对授课教师要求很高。因此，采用集中备课、轮流授课的教学方式，每位专业教师根据自己的学科背景、专业特长选择 2 个学时的版块进行讲授，在相关学科介绍版块还邀请建筑学和城乡规划专业的教师参与，使学生从不同角度、跨学科、全面、客观地认识风景园林专业。集中备课时教师非常注重版块与版块之间知识的区别与联系，确保学生通过课程能建立起完整的专业认知地图。

3.2 导师制教学

由于低年级主要开设的是建筑学科基础课程，学生接触到专业课程和专业教师主要是在三、四年级，为了更好地引导学生对专业的学习，设立了导师负责制，从导论课开始，每位专业教师按 1：5 的比例给予学生全方位的指导，包括选课、专业认识、实践等环节，这种引导贯穿整个大学的学习过程，从多个层面对学生的专业学习意识进行培养，逐步增强他们解决问题的专业能力。

3.3 案例式教学

风景园林专业是一门应用型学科，有丰富的实践案例可以利用。对案例进行分析，有利于学生对教学中基本概念和原理的理解和掌握，培养学生独立分析、解决问题的能力。在讲解风景园林与生态学的相关知识时，教师以成都活水公园为例，生动地展示了水体净化与景观的结合，在桂溪公园等案例中讲解了海绵城

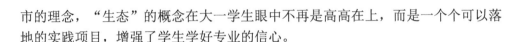

市的理念，"生态"的概念在大一学生眼中不再是高高在上，而是一个个可以落地的实践项目，增强了学生学好专业的信心。

3.4 互动式教学

导论课包括导入和导出两部分，导入以教师为主体，引导学生进入专业知识的逻辑空间，导出以学生为主体，引出学生自己对整个专业知识的逻辑结构。在课堂教学中，教师采用小组管理模式，通过组织小组讨论来激发学生的学习积极性和口头表达能力。在教学过程的最后一个环节——讨论与总结中，所有授课教师悉数到场，每个学生轮流上台发表自己的收获和体会，教师与学生之间、学生与学生之间展开激烈的讨论，课堂气氛非常活跃，在互动教学过程中将导入和导出完美结合。

4 考核方式

课程的考核方式对学生的学习方式有一定的导向性，过去那种"一考定成绩"的考核方式过于单一，为了更好地激发学生的学习积极性，该课程强调过程的学习，西南民族大学采用过程性评价+终结性评价的考核方式。过程性评价占总成绩的40%，包括出勤、课堂表现（包括小组讨论）、总结汇报；终结性评价占总成绩的60%，学生通过查阅资料、检索文献，进行课程论文的撰写，重点考查学生对专业的认知程度以及对未来学习过程的规划，该评价一般在期末进行。通过几年的实践，这种考核方式取得了较好的效果，既能客观评价学生，又能推动学生自主学习。

5 问题及思考

通过风景园林学导论课程的开设，学生在专业认知、学习兴趣、学业规划和综合能力方面都有明显提高，但在教学实践中也存在一些亟待解决的问题。

首先，学生没有统一的教材，虽然各专业教师都认为导论课不应制定统一教材，授课教师应当根据西南民族大学风景园林专业的特点进行灵活教学，但由于课程的综合性和授课教师的轮流性，难免出现某些内容重复讲授和版块之间衔接不好的情况，因此，笔者认为应集体编写讲义，着重体现导论课知识体系的系统性，实现课程安排的科学性和授课的高效性。

其次，该课程以理论讲授为主，没有实践环节。作为一门应用型学科，实践平台是培养学生综合职业能力的主战场，建议在导论课中设置实践环节，带领学生参观生产实践单位，使学生身临其境地了解本专业未来的工作环境，最大限度地激发学生学习兴趣。

最后，通过几年的教学实践，从学生的反馈中可以看出专业导论课程教学对学生顺利、高效地完成大学学习乃至今后的发展都是非常有益的，成功的专业导论课程将对学生产生深远的影响。

参 考 文 献

刘滨谊. 2009. 现代风景园林的性质及其专业教育导向[J]. 中国园林, 25(2): 31-35.

刘滨谊. 2017. 学科质性分析与发展体系建构——新时期风景园林学科建设与教育发展思考[J]. 中国园林, 33(1): 7-12.

田晓红, 雷巧莉. 2007. 高等学校专业导论课内涵、特征、功能及设计策略分析[J]. 中国农业教育, (5): 69-74.

杨景常. 2007. 成功的《专业导论课》将影响学生的一生[J]. 高等教育研究, 23(1): 38-41.

杨善林, 潘轶山. 2004. 专业导论课——一种全新而有效的大学新生思想教育方法[J]. 合肥工业大学学报(社会科学版), 18(4): 1-3.

杨晓东, 崔亚新, 刘贵富. 2010. 试论高等学校专业导论课的开设[J]. 黑龙江高教研究, (7): 147-149.

赵岩. 2008. 园林学概论课程教学改革探讨[J]. 高等建筑教育, 17(4): 105-107.

基于项目导向的风景园林计算机辅助设计课程教学模式探讨

王长柳　　陈　娟

摘　要：本文以项目全过程为导向，对风景园林计算机辅助设计课程的一般教学模式进行创新，依据风景园林具体项目的不同阶段，提出专题图纸绘制任务，引导学生在完成项目的过程中学习、应用和掌握常用的计算机辅助设计绘图软件及其基本操作，使课程教学与实际工作过程及工作任务紧密结合，突出知识的应用性，为计算机辅助设计课程教学改革提供参考。

关键词：项目导向；教学改革；风景园林；计算机辅助设计

1　引言

计算机辅助设计课程是风景园林专业的一门实践性较强的专业基础课（殷佳慧，2016）。当前，计算机绘图已取代传统手工绘图，成为包括建筑、规划和风景园林等行业在内的设计行业中的主流绘图手段，几乎所有设计作品都需要"电子版"。传统的计算机辅助设计课程教学多以"说明书"的方式对常用软件的具体操作命令逐个进行讲解，这种教学模式保证了学习的系统性，但也使该门课程教学的生动性和趣味性大大降低，学生学习成效不显著。

为改善计算机辅助设计课程的教学效果，提升学生解决实际问题的技术能力，许多高校风景园林专业对该门课程进行了教学内容和方式上的创新。综合来看，教学改革思路主要有三个方向。一是案例化，将课程内容具体到多个专题，例如，平面图、剖面图和立面图的绘制及施工图、建模、后期处理等专题。教师用具体的案例来讲授专题图件的绘制，重点讲述绘制过程中常用的重要命令和技巧（魏家星等，2016）。二是协同化，将计算机辅助设计教学与设计类课程紧密结合起来，寻求课程结合点，共同研究课程相关性。计算机辅助设计课程中的作业或考试选用同一学期建筑或风景园林设计课（如图书馆设计、公园设计等）的选题，不同课程的任课教师协同指导（时钟瑜等，2013）。三是过程化，基于一般设计课的过程和设计步骤来安排计算机辅助设计课的内容，例如，设计过程的前期信息采集录入操作、中期效果表现与传达和后期模型设计与漫游，分别对应计算机辅助设计课的三个阶段教学：前期 AutoCAD 基础、中期 Photoshop 基础、后期 SketchUp 基础（文萍芳，2015）。

这些课程教学的改革措施增强了计算机辅助设计课的针对性和实用性，提高了学生对于计算机辅助设计课的兴趣，教学效果得到了较大提升。但是，这些改革措施的核心仍然停留在软件操作技术上，以提升学生的绘图技术为目标，课程教学导向上并未发生根本变化，结果可能导致学生仅仅成为"绘图匠"。

为进一步调动学生学习的主动性和积极性，提高学生创新能力和就业竞争力，本文提出以项目为导向的计算机辅助设计教学改革。以一个项目的全过程为主线，将相关的风景园林设计理论知识与系列软件技术融入项目的全过程，鼓励学生以完成项目为目标，开展自主学习，从而打破讲授型的传统教学模式，实现以教师教为主向学生学为主的转变。教学上更侧重项目完成的过程、学生的动手能力和综合能力及团队合作能力。

2 项目导向下的课程设计

2.1 课程目标

风景园林计算机辅助设计课程培养目标是综合运用 AutoCAD、Photoshop、SketchUp 等绘图软件，完成风景园林设计项目开展过程中不同阶段的专题图纸绘制工作，包括总平面图的绘制和后期处理、模型的构建和效果图的制作等，着重提高本专业学生设计方案表现能力，突出知识的应用性，使学生能够了解风景园林设计项目的一般过程，初步掌握项目全过程中常规绘图软件的使用方法。另外，使学生能够顺利进行后续专业设计课的学习，为职业发展奠定基础。

2.2 课程设计思路

课程设计基本思路是以风景园林项目全过程为导向，一体化实施理论讲授、操作演示和学生实践操作等教学形式，教师针对风景园林具体项目的不同阶段，提出专题图纸绘制任务和相关软件的使用要求，指导学生在完成项目的过程中了解、运用和掌握常规的风景园林计算机辅助设计软件。依据项目需求，该课程教学可分为方案前期、方案绘制以及方案成果和汇报三个环节（图1）。

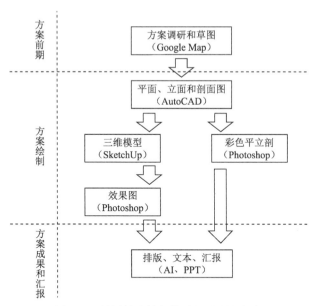

图 1　风景园林计算机辅助设计课程框架

2.3　课程内容

在教学内容安排上，围绕教学目标，结合典型的工作任务和工作流程，以一个实际的工作项目为教学载体，采用从易到难、从局部到整体的原则来安排授课流程。以某一川西林盘院落改造项目为例，可依据上述三个教学环节，将课程内容分为六个模块（表 1），各个模块的作业内容都来自同一个实践项目，课程结束也就意味着一整套图纸的绘制工作任务的结束和一个项目的完成。

表 1　风景园林计算机辅助设计课程教学内容

教学环节	教学模块	教师讲授内容	学生任务
方案前期 （2 课时）	方案调研和草图	1）收集林盘院落所在地的信息数据方法 2）现状调查方法	1）地形图的识图 2）影像图的获取和判读 （AutoCAD、Google Map）
方案绘制 （26 课时）	平面、立面和剖面图绘制	1）总平面图中建筑、水体、植物等图层的绘制方法 2）典型建筑立面和剖面的绘制方法	1）总体平面图 2）典型建筑单体平面、立面、剖面（AutoCAD）
	彩色平立剖	1）彩色总平面图的后期处理方法 2）典型建筑彩色平面、立面和剖面的后期处理方法	1）彩色总体平面图 2）典型建筑单体彩色平面、立面、剖面（Photoshop）
	三维模型	1）林盘院落整体 3D 模型的构建方法 2）典型建筑的 3D 模型构建方法	林盘院落整体模型（含所有建筑）（SketchUp）

续表

教学环节	教学模块	教师讲授内容	学生任务
方案绘制 （26课时）	效果图	1）林盘院落鸟瞰图的后期处理方法 2）典型建筑场景的后期处理方法	1）林盘院落鸟瞰图 2）典型场景效果图 （Photoshop）
方案成果和汇报 （4课时）	排版、文本和汇报	排版、文本和图则的制作方法	1）A1方案图 2）文本和图则 （Photoshop、AI等）

3 教学效果

以实际项目为导向,针对风景园林计算机辅助设计课程教学模式进行的调整,使课堂氛围和教学效果得到较大改善。首先,学生在课程学习过程中,不仅能够了解风景园林项目设计的全过程,还能通过完成不同阶段的设计任务,更加深入地理解和把握计算机辅助设计软件的核心知识和技能,提升实践操作能力。其次,学生对计算机辅助软件的兴趣不断提高,能够主动探索和尝试新的功能,使用新的方法来绘制和处理图像,整个学习过程成为每个学生都参与的实践活动。最后,教学成果显著,学生的专题图件绘制能力得到显著提高（图2~图4）,能够满足后续专业设计课程对绘图能力的要求。

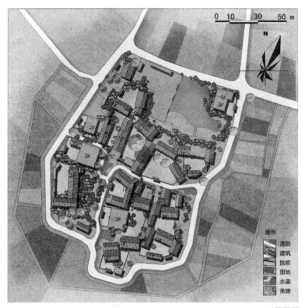

总平面图 1：500

图2　学生作业——彩色总平面图

图 3　学生作业——院落 3D 模型图

图 4　学生作业——场景效果图

4　小结

该教学模式的创新充分考虑了学生的接受程度和实际项目的工作全过程，内容安排合理、难易程度适中，具有较高的可行性。该模式主要有以下几个特点：①系统性和完整性，课程教学内容来自同一个项目的一个完整系列专题图件；②实践性，课程内容来自实际工程项目，教学过程依照项目进程安排，学生能够真实体验完整的工作过程和要求；③学生主导性，重新定义教师和学生的角色，教师是项目任务的提出者和组织者，而学生是具体任务的执行者，是整个教学活动的主角。

以项目为导向的教学模式创新,符合风景园林计算机辅助设计课程教学目标,能显著提高教学质量,有助于提高学生的实际操作能力,为未来的专业学习和就业奠定坚实的基础。

参 考 文 献

时钟瑜, 贾海丽. 2013. 探索课程联动性, 协同化实践教学——关于园林计算机辅助设计教学设计的探讨[J]. 科教导刊(中旬刊), (29): 104-105.

魏家星, 姜卫兵, 杨欣露. 2016. 基于案例导向的农林院校风景园林专业种植设计课程教学改革[J]. 黑龙江农业科学, (4): 131-133.

文萍芳. 2015. 基于工作过程的《园林计算机制图》课程教学设计[J]. 教育教学论坛, (8): 185-186.

殷佳慧. 2016. 风景园林计算机辅助设计课程教学研究[J]. 亚太教育, (29): 241-242.

环境艺术专业装饰画的教学变革探究

洪　樱

摘　要：环境艺术专业的装饰画教学对综合材料的研究日渐增多，一方面来自外部市场的需求，另一方面来自学科本身变革和提高的要求。装饰画讲究装饰性、材料性、工艺性，不能脱离环境艺术孤立地进行创作。教学中更应树立向市场学习、向传统学习的观念，鼓励学生进行创新探索。

关键词：环境艺术；装饰画；综合材料

作为环境艺术专业的重要课程，装饰画课程开设已久。装饰画（decorative painting）主要是指运用一定工艺材料体现装饰形式美的绘画。我们可以认为装饰画是具有一定艺术价值的作品或商品，因为装饰画并非具有世界唯一性的艺术品，相对于纯艺术作品来说艺术价值较低。同时，装饰画又并非毫无艺术价值的印刷品，它可以是少量的手作工艺画，同时也可能是批量生产的商品。过去，装饰画课程的主要教学内容还停留在二维空间内表现不同效果，如黑白装饰画、水油装饰画等，而现在对综合材料装饰画的研究成为一个重要的探究方向。

一个重要的原因就是外部市场的刺激。随着经济实力和审美水平的提高，人们对居室内的软装饰越来越重视。过去，硬装完毕即意味装修完毕，而现在空间里或多或少都会增加各种形式的软装饰，墙面可选择的装饰画变得多种多样，尤其是装饰画的材质由传统的单一的印刷纸质变成各种综合材料。根据装饰画市场调查结果，74%的被调查者表示会购买装饰画以及家居装饰品来进行室内家居的装饰，从而体现个人的品位以及风格特点。消费和需求带动了市场的繁荣，装饰画产业得到了长足的发展，尤其在南方发达地区。20 世纪 90 年代起，深圳大芬油画村由一个 300 多原住居民的客家聚居村落发展成世界知名的装饰画集散地，世界油画市场中 80%的油画来自中国，而这其中大芬村就占有 60%的份额。大芬村的油画可以看作带有一定艺术价值的手作高端装饰画。而市面上则可以看到更多材质的装饰画：皮革装饰画、树脂装饰画、木质装饰画等，外部市场的繁荣促进了高校师生对综合材料装饰画的重视和研究。综合材料装饰画的影响主要在于增强了装饰画的视觉冲击力，拓宽了装饰画的创造思路，扩大了装饰画技术整体发展的空间，提高了静态材料的生命表现力（孙平，2016）。

课程自身的发展是多年的传统教学经验积累产生的变革之必然。材料变化带来了装饰画内容和形式的整体变革，本文简要探讨一二以抛砖引玉。

1）装饰画讲求"装饰性"，具有极大的包容性和开放性，能跨越画种的差异，将传统的美术门类国画、油画、版画、雕刻等和谐统一地变成装饰画的载体。

装饰画对题材的思想性不做太大苛求，是注重外在形式的绘画门类。换言之，装饰画不在乎"发人深省"，而在于让人"目不转睛"，满足"看"的需求。就画面效果而言，传统的美术门类通常以扎实的写实风格为基础，画面也兼具各种风格。而装饰画是多样的，它不排斥写实风格，但通常是具有抽象的、变形的、夸张的、重构的、简约的、主观的、后现代的表现形式。但既然谓之"装饰"，就普遍带有美化的、理想化的外在形式，而不可能是"审丑"的形式。国画、油画、版画、雕刻不再以独立的画种或者纯艺术高傲的姿态出现，而是以一种适当的材质或手段出现。因此，教学中应有意识地鼓励学生敢于尝试不同的画种，以实验性的、探索性的方式来进行装饰画的创作，在不熟悉的领域中去大胆碰撞，寻求"老瓶装新酒"出新意的意味。

图1是一幅国画类的装饰画，采自某品牌家居的展场。寥寥几笔浓墨勾勒出山水意境，金箔的加入带来了时尚与贵气，与该品牌的现场色彩、氛围十分和谐。没有人会深究这幅画的主题、意义，但都能体会到它用形式传达出的传统与现代的巧妙结合，非常应景。

图1 国画类装饰画

2）装饰画讲求"材料性"，从材料出发研究装饰画，带动学生对材料的形状、色彩、质地、肌理的主动发现和运用。

除了前述来自传统艺术的装饰画，综合材料的装饰画也大量存在。材料是装饰画的载体，材料种类的扩大和广泛应用使得装饰画有着巨大的提升空间，同时也赋予了装饰画新的内涵。材料的可视性形成了材料的抽象视觉要素，包括材料的色彩、形状、肌理、透明、莹润等；材料的可触性形成了材料的抽象触觉要素，包括材料的硬软、干湿、粗糙、细腻、冷暖等，这些都属于材料的材质感觉范畴（张远珑等，2009）。

笔者主张学生从材料特质出发创作装饰画，这不同于先有构图再搭配材料的传统创作方法。在艺术类别中每一种表现方式都受到使用材料、表现方式的局限，因此装饰画使用的材料不同，这也正是其魅力所在。运用材料就应该静心体察材料的形状、色彩、质地、肌理，掌握材料的特征，表现出材料最美的一面，组织材料最善于表达的形式，这个过程就是掌握装饰画构成的一个最基本的"词汇"。材料是装饰画的物质基础，材料的表现与绘画的艺术相结合，融入了艺术家内心的情感才会产生非常具有艺术价值的作品。

图2为树枝截面装饰画。常规的木质装饰画，大多将大块木头雕刻成型，而利用小树枝的断面组合成图就显得新颖别致，并且更加生态环保。小树枝的断面大小各异、色彩不同、纹理有别，以最基本的单元无限重复体现了一与多的对立和统一，既有美感又富有哲理。笔者曾经在东莞考察树枝截面画的首创者的展厅，一幅大型的装饰壁画让人深深感叹创作者敏感而细腻的洞察心，发掘出如此微小却极具可塑性的装饰"小元素"。

图2　树枝截面装饰画

3）装饰画讲求"工艺性"。工艺性是建立在不同材质的选择基础上的，经过无数创作者实践的经验总结，实现对画面效果的保障。

没有实际工作经验的学生，对绘画的感受永远是随意的创作、精神的享受。但是，装饰画自古以来就离不开"工艺"，受材料制约的装饰画也仿佛带着桎梏舞蹈。我国上古文献《考工记》中说："天有时，地有气，材有美，工有巧。合此四者，然后可以为良。"任何材料入装饰画，都应顺应材料的天性，掌握材料的应用规律，总结材料的制作标准，这一过程是严格的、严谨的，甚至是枯燥的、苛刻的，这可以看作装饰画的"语法"。传统的装饰画因为凝结了大量的人工，显得精美、精致，各种工艺要求则功不可没。我们在采用现代材料创作装饰画时，也应遵循各种材料的制作规范，同时要清楚那些看起来轻松的外在表现，其实是匠心别具而并非偶然。对细节的反复斟酌、一丝不苟正是匠心的外在体现。

在一次木板装饰画的实践中，由于没有严格遵守只能胶粘不可钉钉的原则，后期的板面起翘，腻子开裂，反复修补仍然无济于事，前功尽弃。学生正是在失败中，领悟了一件作品的完成不是随心所欲的享受，遵循传统工艺的要求才能更好地创作，任何理性的创作其实都是艰苦的、科学的实践。

4）向市场学习，向传统学习。作为环境艺术专业的学生，装饰画的教学不能脱离专业背景。现代装饰画归根结底不是走进展览馆供人们膜拜的，而是装饰美化环境的，是画龙点睛一般的环境的亮点。所以特定的装饰风格必须搭配与之相符的装饰画。我们的创作不等同于纯艺术的创作，那是画家们个人审美、个人风格的集中体现。我们研究装饰画、创作装饰画，都是为了更好地服务于环境艺术这个整体范畴。

首先，应明确环境艺术是综合的环境设计，包括天地墙界面的硬装设计和软装饰的搭配。装饰画摆设现场的灯光、色彩、背景肌理、搭配的家具和摆件都需要仔细考量。装饰画课程的教学应安排学生系统地针对各种风格的、常用的装饰画进行梳理，对其造型、色彩、肌理特征甚至装裱方式、放置方式进行准确把握。创作的源头既来自学生的个人生活感悟，又不能脱离环境的外在要求。例如，一个房地产开发项目的售楼部所需的装饰画，与一个教育培训机构所需的装饰画就存在着明显的区别。培养环境艺术专业学生的选择能力、鉴赏能力比创作能力更具有实际意义。

其次，植根于中华民族传统，让学生能真正下功夫接触优秀的民族传统文化，吸取优秀的民族装饰艺术的精华。当前，互联网让世界成为"地球村"，即使再遥远的地方也可以进行大量而快速的信息交流。只有优秀的民族文化才能成为装饰艺术之根，民族的才是世界的。

综上所述，装饰画是既有艺术性、装饰性，又有材料性、工艺性的综合绘画方式，通过各式各样材料的表现，达到不同的审美效果，凝聚着创作者的情感、信仰和智慧。环境艺术专业的装饰画课程立足于培养综合能力高的环境设计人才，运用情景教学等方法，目的是增强学生的审美体验，加强学生的审美实践，提高学生的创新能力和综合能力。要打破旧有的仅仅局限于平面二维空间教学的固定模式，从材料出发，创作出与现代环境艺术相适应的、与人们日益增加的审美需求相匹配的好作品。

参 考 文 献

孙平. 2016. 综合材料装饰画教学的研究[J]. 艺术品鉴, (6): 294.
张远珑, 王桂龙. 2009. 装饰画的材料美[J]. 美术大观, (4): 49.

"主辅"教学法在艺术设计专业的创新实践研究

——以理论课"艺术学概论"为例

刘　伟　刘春燕

摘　要：在艺术设计专业教学中应用"建构主义理论为主，行为主义理论为辅"的教学法，以此改变学生在专业理论课程中学习的被动状态。该教学法要求按照课本章节，借室外教学活动，检验室内灌输式的教学内容，以学生为主在建构教学环境中激发他们的学习兴趣，培养艺术的敏感性以及独立思考的判断能力，从而提高艺术广告理论课程的实效性。

关键词：建构主义；行为主义；艺术学概论；艺术广告

基金项目：西南民族大学 2017 年校级教学改革重点项目"基于民族高校工科背景下设计专业课程体系创新研究"（项目编号 2017ZD10）

艺术设计专业传统教学模式是教师在课堂上传授课本知识，学生被动接受知识的多少，教师是难以知晓的。造成这种情况的源头在于教师与学生之间互动少，学生缺乏自主学习。从艺术设计专业学生的特点看，他们习惯于通过场景实践来获取艺术理论，并理解和消化它们，构成自己的知识体系。然而在现实教学中，我们往往没有考虑这一学科特点，以"灌输式"或"填鸭式"教学法去教导他们，以致他们反感理论课程。在当今以知识、人才、学科特色为标准的要求下，笔者在高校的艺术设计理论课程中，尝试以"建构主义理论为主，行为主义理论为辅"教学法（简称"主辅"教学法）来授课，颇有收获。

1　"主辅"教学法的含义

"主辅"教学法是"建构主义理论为主，行为主义理论为辅"的项目教学法，它是传统的灌输式教学法，以教师教学为主，学生被动接受知识的行为主义理论为指导，结合当代建构主义理论，以学生为主，进行自我学习的一种项目教学法，并且能将某一课程的理论知识与实践技能结合起来，在一定时间内，学生有独立制订计划并实施的机会，自行安排学习行为，有明确而具体的成果展示。教师起主导作用，是组织者、发现者和中介者。同时，该教学法常以小组形式开展合作实施。

建构主义理论是项目教学法最主要的理论支撑。该理论认为，学习不仅受外界因素的影响，更主要的是受学生本身认知方式、学习动机、情感、价值观等的影响。学生学习不是从零开始，而是基于原有知识经验的背景建构的，也不是转变现成的知识信息，而是基于原有经验的概念转变。从其理论分析来看，建构主义知识与经验仍然来源于传统行为主义教学背景，是在行为主义理论基础上发展起来的新教学法，是现代教学法创新的智慧库，是新思维、新方法的生产基地。也就是说，项目教学法其实就是建构主义理论与行为主义理论的一种具体表现形式，建构主义是创新，行为主义是基础，二者相辅相成。

2 "主辅"教学法的创新

在艺术设计专业的理论课程中，应用"主辅"教学法能激发学生的学习兴趣，串联起相关课程内容，强化团队合作精神，营造项目建设氛围，激活学生的创造力，从而提高学生的综合素质。

2.1 行为主义理论为辅的知识整理

在传统教学领域，行为主义理论占支配地位，它强调学生学习过程是刺激、反应的联结，它把学习看作是对外部环境刺激做出的被动反应，把学生作为知识的灌输对象，让学生快速地获取更多、更广的知识，做到博学通古。行为主义理论指导下的教学方法，在当今强调以学生为主的实践教学中，不能完全被抛弃，而应该合理运用，这既是教学法进步的反映，又是行为主义理论指导下对建构主义理论的拓展，是完善其不足之处的新教学法。

以教师为主地传授学生知识，学生观教师的言行从而受到影响。从古至今，东方有私塾学堂，西方有教会学堂，均以这种方式教导学生，学前人的知识提高后人的水平，促进科学与文化发展，以及人类社会的进步。灌输式的教学模式有其优秀的一面，它使学生在人生成长过程中，以较短的时间获取更多的知识，用科学方法解释自然万物，解答各种疑惑。以此，学生也在行为主义理论的教学模式下学会了思考，找到了解决问题的办法，形成了正确的思维方法。其实在传统的广告学课程中，早已有实践建构主义理论的影子，也是一种项目学习。如学生在了解一个广告案例时，常会根据课程需要，收集和加工典型的信息作为材料，通过分析广告传播手段及过程，再现真实的传播情境，启发独立思考的能力。用讨论的方式对案例所呈现的客观事实和提供的问题进行分析，做出判断；不明白之处便查阅资料，询问教师，以此来获得问题的答案，从而知道广告的内外成因。

行为主义理论指导的灌输式教学法是项目教学法的辅助，是知识的积累与储备，也是学习经验的总结。学生学习知识是由少增多，由简单到复杂，但因他们没有合理的方法整理自己的知识结构，造成思维困惑。由此，教师在理论的讲授中，应该按每门课程的要求对章节进行分类归纳，找出要点，为后一阶段在建构主义理论指导下的实践学习做足准备。

2.2 建构主义理论为主的实践学习

行为主义是传统的教学模式，随着认知理论在教学领域的应用，心理学家对学生学习过程和认知规律研究的深入，越来越强调学生的主体地位，强调认知主体的内部心理过程，从而促进建构主义理论的兴起。倡导建构主义理论的代表人物是瑞士的皮亚杰，他认为，人在爱与周围环境相互作用的过程中，逐步建立起关于外部世界的认识，从而使自身的认知结构得到发展。就其教学形式而言，教师像师傅一般用自己的知识与技能在实践过程中教导学生，让他们在操作环境中接收信息，领悟多种理论的可取之法，创造新成果，来实现项目教学法在理论课程中的功用。

建构主义理论指导下的项目教学法，要求学生在自身的知识和经验背景下，以学生为主，通过实施任务的过程去学习，获取新知识，了解更多信息，教师在这个过程中担任的角色是伴随者。经过前一阶段行为主义理论的学习，学生掌握了专业知识，那么在后一阶段的项目教学模式下，他们对自我知识的建构与课程内容的理解就尤为重要。项目实践教学由两部分构成：一部分是在教室内，实行以行为主义理论为主、以教师为重的灌输教学法，由教师、学生、课本与教学设施四要素构成；另一部分是在教室外，以建构主义理论为主，按照艺术课程的章节内容实施任务，以学生自我检查和学习为主，自己动手制作和采编艺术。两部分教学模式结合，让学生对知识进行消化，逐渐产生学习兴趣。

在实践中，以建构主义理论为主的教学法不仅弥补了行为主义理论教学法的缺陷，又让学生有实践的经验和创新精神。因此，以学生为主的阶段，教师不能简单地作为旁观者，而更应该是先行者与教学者。历史中教与学的规律具有合理性，只有教学建构到一定量时，才能产生质的飞跃。相对于行为主义理论的灌输法，建构主义的项目教学法是新教学法。建构主义不能离开行为主义理论，应该以行为主义理论为基础，用其指导艺术专业的教学工作，它们是相辅相成的教学内因。

3 "主辅"教学法的实践

艺术学概论是艺术设计专业开设的一门重要的理论课程。开设该课程的目的是让艺术设计专业学生对艺术学的知识有所了解，为将来从事广告策划与营销奠定基础。通过对艺术学的基本概念、基本原理、基本方法的学习，使学生了解艺术媒介的重要性与制作过程。以下是该课程教学的七步法。

3.1 课程章节分类归纳

实行以行为主义理论为主的灌输式教学，学生按要求划分课程章节，分出几个单元（每学期共18周，教材共18章，分3个单元进行项目教学，平均每单元5~6周），以项目实施中艺术、宣传、舆论、原则、功能、规律，以及制作与采写等的教学要求为标准，每个单元都有项目性质的建构内容；安排时间计划表（2周理论、3~4周实践）、人员分组（4~6人一组）、实施步骤；教师要列出艺术项目实施过程的训练目的、训练要求，在实践中收集与整理信息，了解项目完成后受众的反应效果，制作PPT讲解，制定完善措施等。

3.2 师生讨论互定任务

学生发挥自己的辨析与创新能力，确定各部分任务，教师引导他们进行一系列问题的思考，如艺术的基本特点，艺术要素和艺术类别，艺术活动的产生、发展及艺术活动方式，影响艺术事业发展的因素，哪些原则在艺术工作时必须遵循，通过怎样的转化手段去实施，等等，从而使他们重视理论学习。学生充分发表自己的观点后，自由组成小组，教师指导各组确定项目任务，分析哪些更接近小组前期的计划。结合实际例子引导学生掌握课程的基本规律和基本知识，通过排除法，经师生共同讨论，以"网络艺术"作为此次项目实施的任务。

3.3 准备工作

学生根据单元要求，筛选网络艺术的内容，如人民网、新浪网、校园网等。以艺术事件、社会舆论、受众反响为据，选出本校或本地的网络艺术采写实例作为单元项目的实践案例。学生组根据课程内容，去校园图书馆或网络室查阅资料，调查事件来龙去脉与了解各艺术单位的报道，要求每组学生按照事件风波舆情找出相近的两至三个报道学习。另外，要注意小组成员之间的分工，如6人一组，2人负责媒介效果调查和事件采访，1人负责写作艺术报道，1人负责记录信息数据及完成受众调查，1人负责参观和座谈，还有1人主要负责制作。

3.4 学生实地采访

学生实地采访不能忽视，这可以激发学生接触社会的激情与热情，通过任务采访培养学生的沟通能力以及分析问题与解决问题的能力，创造出更好的艺术作品。学生通过实地采访能充分感受到现场环境氛围、采写空间等情况，了解事件概况、事件细节和受众意向，了解到事件各个方面的关系，他们既是历史事件的第一见证人，又是报道事实的公证人。英国《独立报》记者罗伯特·菲斯克曾说："记者在过去很少成为被蓄意攻击的目标，我们是冲突纷争的公正见证人，往往是唯一的见证人，是第一个记录历史的人。"所以实地调研是"主辅"教学法中最重要的理论依据。

3.5 指导学生编写艺术

采访工作到位后，每组学生针对此次艺术报道制定切实可行的编写内容，重点考虑艺术媒介与舆论导向的关系，营造一个良好的舆论环境，讲究人与事、情、理之间的互动作用。指导学生编写艺术主要包括两个方面：一是注意艺术信息的客观真实性与社会的主导性，引导社会舆论及艺术舆情应对过程的点评等；二是切入艺术传播前沿，培养艺术职业感知，培养学生的采编技能，在互动中传授艺术理论。

3.6 督导学生实施过程

整个实践过程，教师都扮演着观察员的角色，有时给予指导，有时进行示范，有时进行解析。这既培养了学生的采访能力、口头表达能力和人际交往能力，又促进了他们之间的协作意识。鼓励学生理论创新，解决事件的编写难题，从中获取艺术学习的经验与方法。另外，要求每组学生做好艺术过程的信息记录，掌握影响艺术发展的因素，了解艺术媒介的共性、特性、个性，以及受众的类别和认识，掌握艺术媒介的受众定位，为以后的工作打好基础。

3.7 作品展示、讨论与评价

任务完成后，小组成员讨论、交流与总结，学员可表述自己对艺术制作过程的收获与感悟，谈谈对艺术观点的认识等。在经历5周的"主辅"教学后，每组学生艺术报道的PPT演示作品都在教室内进行展示，风格各异，基本上都达到了艺术选择与采写标准的要求。但不足之处是艺术工作者的职业道德还不明确，角色的定位是"见证人"还是"戏中人"尚不明晰，有些报道不够完善，出现一些偏颇的观点等，这些都需要师生共同探讨，找到合理的解决方法。

教学过程中教师要求每组学生拍摄艺术实景图片，把任务实施过程与艺术本身做成一个 PPT 课件，在课堂上汇报。邀请高年级学生和相关人员参与座谈、评述，倾听他们的评议。同时，教师与专业人员、学生开展民意投票，评出"最佳艺术""优秀艺术"等作品给予鼓励和肯定。会后要求学生修改艺术作品，完善艺术内容，最后提交作业。

4 结语

任何方法都有利有弊，只有合理转化，才能变弊为利。如果建构主义理论的项目教学法没有传统行为主义教学理论的应用，没有教师传授的知识，那么学生何来理论基础，何来对新知识的理解、消化及再创新。在艺术设计专业艺术学概论课程中，通过"主辅"教学法的实践，我们能够看出"主辅"教学法的理论学习是以实践和解决问题为导向的，因人施教，学生快乐自主学习，教师真心真情育人，每组学生自己计划、采写、总结与评议，既尊重教育规律，又体现了高校课程改革的迫切要求。学生按照任务计划和步骤实施，充分验证了"主辅"教学法的可行性，从实践中获取与消化课程理论内容，对于传统被动教学来说是一大进步。

参 考 文 献

陈曼. 2006. 大学英语课堂活动教学法探析[J]. 黑龙江高教研究, (9): 161-162.
刘伟, 刘春燕, 刘斌. 2011. 羌族碉房的室内空间文化剖析[J]. 民族艺术研究, 24(1): 109-111.
刘玉国. 2010. 项目教学法在建筑工程技术专业中的研究与应用[J]. 中国成人教育, (16): 157-158.
徐肇杰. 2008. 任务驱动教学法与项目教学法之比较[J]. 教育与职业, (11): 36-37.

借鉴中国传统绘画的建筑画创新教学研究

凌　霞　王海东

摘　要： 建筑画是传达建筑设计师设计意图的工具，包含着创作者的感情和意图，中国传统绘画的风格和对意境的传达对建筑画有深刻的启示，其固有的元素和优点值得重视。有中国特色的山水画与建筑画融合能够产生不同的意境和情趣，所以当今的建筑画表达可以借鉴中国画风格，使建筑画的表达更为多元化。

关键词： 建筑画；中国传统绘画；教学创新

基金项目： 西南民族大学 2013 年教学改革项目"具有通识意义的建筑画表现教学研究"（项目编号 2013YB31）

1　引言

建筑设计是源于西方的技艺，在我国的传统建筑教育中，不管是建筑设计还是建筑画的教育都基本承袭了西方的方法。在当代中国传统文化复兴的背景下，中国传统建筑的修建项目层出不穷，中式的室内装饰风格备受青睐，在美学上有很高成就的中国园林也方兴未艾，在这样的背景下，中国绘画固有的元素和优点值得我们重视和借鉴，所以在当今的建筑画表达中，应重视发挥中国画风格，使建筑画的表达更为多元化。

时至今日，中国画对意境的传达仍对我们有深刻的启示。建筑画在将古代与现代、东方与西方运筹之间找到一个融合点，创造出既有东方文化特色又有现代艺术风采的新建筑画，将东方的以线造型与西方的以面造型有效地融合起来，将中国画与建筑画融合能够产生意想不到的意境和情趣（李方方，1998）。

2　建筑画对中国传统绘画的借鉴

2.1　建筑画对界画的借鉴

在中国传统绘画中，界画有着悠久的历史，是独具特色的画种，界画是一种专门表现亭台楼阁的画种，曾经兴盛一时，为我国工程图示的发展起到很大的促进作用（图 1）。中国古代建筑画的风格都是一丝不苟地描绘，建筑形象精细工整，有的也会稍加简化。为更好地表现内容，常采取白描和轻重不同的设色，风格上有的淡雅、有的华丽。界画在绘画技法上有单纯的线描、淡彩设色和重彩设色三种表现形式，在构图上精巧匠心，苦心经营，这些表现手法适合表现不同性质的建筑场景（王雪丹，2010）。中国古代界画的透视方法与绘画风格的独创性，对于我们今天学习建筑画，无疑具有十分珍贵的借鉴意义。

中国古代建筑根植于中国传统文化的土壤，蕴含着深厚的东方文化特色和哲学伦理思想，具有鲜明的民族文化特色，在世界建筑文化史上独树一帜。中国古代建筑作为

图 1   五代郭忠恕《明皇避暑宫图》

中国传统文化的物质载体，其建筑外观也给人以独特的美感，并具有深厚的文化内涵。中国古代建筑在两千年的发展中，基本形成了以木构架为主的建构体系，这种木构架为主的结构也决定了与之对应的平面和外观。柱、梁、枋、檩、椽是中国木构架建筑中最为重要的构件，也是中国建筑的"骨骼"，建筑外部的栏杆、门窗、檩椽、瓦当等都可模拓为线，中国古代建筑形态主要是线的组合，建筑的形体也适合用线来表现，所以从战国以来，中国就形成以线造型来描绘建筑的传统，建筑造型基本上都是通过线来表现的（李月林，2010）。自元朝和明朝以来，画家在画线时都用界尺，一直沿用至今，因此从元朝以后又称用尺画的建筑画为"界画"。界画中的线可以用尺子辅助来画，也可以徒手画，宋、元时期大幅的建筑画多用界尺作图，先用界尺画栏杆、梁枋、檩椽等主体部分，而后徒手画细部。这样既可以画出准确流畅的大轮廓，细部也能够做到生动丰富。

线条是绘画中基本的造型元素之一，在建筑画中，线决定着构图的轮廓，也对画面的形式美感起着决定性的作用。在对建筑和场景的描绘中，建筑的高低错落、聚落的鳞次栉比、植物花朵的挺拔多姿，都展现着线型的优美。一幅建筑画的画面中离不开各种轴线、动线、静线、构成线、曲线、几何线等各种线型的穿插组合，它既是一种造型元素也是一种符号语言，传达着设计师的设计意图（李明星，2011）。从创造某种艺术境界来说，借鉴中国传统界画中的以线造型，能让建筑画产生不同的意境和情趣。在建筑画的绘制中将界画的章

法与现代建筑的结构方式有效地融合在一起，形成建筑画的新风貌，在这方面可以做积极的尝试。

2.2 建筑画对中国山水画的借鉴

中国古代建筑艺术之美举世闻名，中国园林、民居、聚落也极富民族特色，在世界上独树一帜。在我国，建筑画历史悠久，早在战国时期就已经用平面图示方式记录建筑工程图样，这些图样已经具有较强的表现力（史荣利，2012）。

中国山水画中对意境的营造和表达，对气韵和节奏的把握，以及东方人观照自然的方式，都在潜意识里影响着建筑画的创作。中国建筑画艺术境界的营造应该体现中国画的传统风格，借鉴富于中国传统意境的建筑画表现形式，运用中国传统的思维方式，在建筑画的构图、色彩以及用笔的工致和刻画的严谨方面，体现中国传统建筑画特有的辉煌与神韵，并且与西方绘画中注重色调、光影丰富变化的技巧相融合，在建筑画表现的体系中探求和回应时代的需求。梁思成在《北京颐和园谐趣园》中运用中国画的色调和构图方式充分表达出其东方韵味十足的审美情趣，笔触轻松，画面气氛温暖、亲切（图2）。

图2 梁思成《北京颐和园谐趣园》

尽管我们都是使用现代工具和材料绘制建筑画，与古代中国画的工具和材料相比有了很大变化，但很多传统的绘画形式，如屏障、卷轴、册页、扇面等，使我们饱览了中国绘画的高超艺术。两宋盛极一时的扇面画，设色或富丽堂皇或清幽雅致，在工整细腻中蕴含着浓浓的诗意，演绎出一种别样的雅致意蕴。扇面画题材大到山水风景，小至野草闲花，画家在动笔之初都会精思巧构，特定空间范围中的画面安排匠心独具，方寸之间化有限为无限，创造出富有魅力的形象和意境。

中国山水画传统的意境和审美意味是一种闲适散淡的艺术格调，中国文人传统的处世哲学，完全通过心中山水格局的布局变化传达出来，从艺术的角度来解释关于传统价值观的玄妙逻辑，这也正是中国山水画的魅力所在，是社会各类人群对于自然观的态度的多视角映射。同时也以一种博大的人文哲学情怀来观照位于我们生活周遭的各种事物，以大局观和发展的态度来重新审视我们的生活，审视人与自然的关系，做出可持续发展的建筑与环境设计（图3、图4）（赖德霖，2013）。

图3　南宋李嵩《月夜看潮图》　　　　图4　侯露《景观效果图》一

走进一座中国古建筑，犹如展开一幅中国画长卷，从一个庭院走进另一个庭院，就像一幅幅画面逐渐展开，满园春色不可能同时全部看完，必须把全部的庭院走完才能看完空间格局。中式庭院的组群式布局按照山川形势、地理环境等自然条件灵活布局，中式风景园林、民居房舍、山村水镇等大都采用这种形式，因地制宜，相宜布置。这种布局原则最适应我国西部山区和江南水网地区地形变化大的地区，也是我国多元文化下的民族风俗习惯的需要，历史悠久且有科学理论基础。

中国山水画展现出的自然之美，无论是风格还是绘画语言的表达，以及文化诉求，都和中国园林之间存在着相对的一致性。对诗意的追求无疑是其共有的内在气质，中国山水画中追求的"超以象外"的"境界"，承载着艺术家对自然、文化、生活的思考，是对人身自由的体验与追寻。那些平淡无奇的山川河流、乡间林头、农舍村落往往被人熟视无睹，但艺术家却能借助构图和有意味的形式，在这些被忽略的日常视觉经验中找到隐藏其间的"诗意"（佘石轩等，2012），在画家笔墨语言的自由抒发下，创造一种宁静悠远的审美情愫和艺术意境，中国传统的人文精神的诗意体现在画家对场景的选择上，在建筑画中借鉴中国画，也是对文人气质、格调与品位的借鉴（图5）。

图5　北宋张择端《清明上河图》（局部）

建筑画在借鉴中国画诗性的表达背后，流露出的恰好是一种"思"的文人气质。在画面中追求"意"与"境"的融合，再返回到"思"的审美层面，被赋予了文化的反思性。这种注入反思性的建筑画反映了设计师对自然与人、都市与乡村、社会与文明等诸多问题的思考，这也正是建筑画借鉴中国画的价值所在（图6）。

图6　侯露《景观效果图》二

3　从写生到表现——以柳江古镇为例

为了实现从写生到建筑效果图、表现图的衔接，下面以位于四川省眉山市洪雅县的柳江古镇写生为例，分析从场景写生到效果图作品的创作过程，完成从物象到意象的建筑画图示演绎。在此过程中培养学生对三维空间的塑造能力，并锻炼学生从不同视角来分析形体的能力，同时还要强化学生对不同环境中的个体的特殊感受和表现能力，分阶段训练，每个阶段的训练有不同的侧重点，采取循序渐进的教学方式，并根据每个人不同的特点因材施教，在写生过程中逐渐使模糊的感受更清晰和准确，最后抽离出一种样式，完成建筑画对中国传统绘画的借鉴，并运用到建筑效果图和表现图中，促进设计表现与设计综合能力的提升。

3.1 柳江古镇风貌

柳江古镇地处四川省眉山市洪雅县，距今已有八百多年的历史，始建于南宋时期，因当地有姓柳的大家族定居于此，故称"柳江"。古镇内有杨村河南北横贯全镇，将古镇一分为二，民居都沿河依山修建，古镇背依峨眉山余脉圣母山，面朝蜿蜒流淌的杨村河，被河流环抱，河流上游是古镇的"山口"，有一座观音寺坐落于此。河流下游出镇之处是"水口"，风景秀丽，形成了川西独特的水墨画景观。

古镇的环境有着山水相傍的特点，清澈的河水两岸树木苍翠挺拔，古镇沿河的两岸是川西民居，古朴的木板房吊脚楼依地因势而建，外观造型上各有特点，这便是柳江建筑的代表，与古镇临水而建的街市、纯朴的民风交相呼应。老街是古镇的精华，最有名的是左岸的玉屏老街，街道沿河而建，石板道路夹杂在风火砖墙的高大门宅间，显露出街道近百年来古朴沧桑的气韵。古街融合了清末、民国、解放初期和改革开放后各个时代的建筑风格特点，就像历史的剖面一样，让人动容，古街随处可见的岁月痕迹为这里增添了怀旧的味道。

柳江古镇独特的山水环境造就了古镇中国古典山水景观，再加上这里气候湿润，植被丰茂，形成了具有山水之美的立体空间与人文环境，富有显山露水、串山连水的意境。

3.2 在山水画卷中写生

建筑场景写生要求准确性，写生不只是对设计师绘画技法的训练，更是增加设计师感知和提高设计师思维能力的过程，因此合理的步骤能引导观察视线的合理规划。写生是记录的过程，为了创造出理想的写生作品，首先要通过观察场景，想象出完整的要表达的景象，并找到要构架的主体。确定主体的关键就是想清楚场景中什么是最想要表达的，让它成为画面的中心元素。确定了视觉焦点后，可以在纸上建立构架，再布置其他要素，实现画面规律化。在接下来的绘画中，按照步骤加入线条、纹理、色调等元素，逐步完成对场景的写生（唐亮，2012）。

写生要做到多观察、多感受、勤于思考和善于临摹，目的是通过写生提高设计师的绘画技巧，从而提高建筑画的创作水平。要想画好一张场景写生，选景、构图、色调、情感、调整等环节缺一不可。

选景是建筑画写生的开始阶段，理查德·唐纳在其著作《建筑画》中介绍了最为有效的写生入门方法，画建筑物首先也要对自己打算画的对象感兴趣，其次选择便于最佳描画的有利地点，把握好最想表现的部分并加以突出，并想好如何将其在画面上表现出来。在选择景致时，应注意近、中、远的关系以及画面的强弱、虚实、主次等关系。在选好了描绘对象之后，接下来就是构图，首先要确定所要描绘的对象，所要突出的是建筑还是环境。确定了这些就相当于分清了主与次，知道这幅写生重点刻画的是什么。接下来就要想清楚画面中线条的运用，线条勾勒了写生中的景致、细节和轮廓形象，协调好线条之间的关系，以精准的线条描绘外轮廓与细节是一幅建筑画成功的关键（夏克梁，2004）。另外在构图过程中，对透视的掌握也至关重要。处理好画面的透视关系意味着建筑画在尺度比例方面是合适和准确的，在构图的时候，既要符合景致的特点，同时把个人的主观意识融入画面，这对完成一幅优秀的写生画极为重要（李春富，1998）。

画到最后的时候，当大部分的场景已经画完，就该调整画面了，可以调整画面的布局，看画面中是否有不协调的地方，并尽可能地让画面协调和完整。对于柳江古镇山水之美的显山露水、串山连水的意境，在整理的时候应从整体来看，找到创作时的真切的情感，使它更加完美地表现出写生的现场感，这样就可以心舒神畅地欣赏这幅柳江古镇的写生画卷了。

3.3 从写生到设计表现

通过前期对柳江古镇的场景写生，加上内心对于中国园林布局的理解，经过缜密的思索，柳江古镇的场景非常贴近中国文人画的山水布局方式。在柳江古镇的空间格局中感受到了中国画中所讲的高远、深远和平远的景致特征。中国画中的平远体现的是延展开来的景物与建筑体现出的平远的意境。顺着古镇依山而建的折廊台阶拾级而上，眼前的景物层层展开，能突然寻味到中国古代山水画中描绘的深远意境。由此，整张画的意识在绘画者的脑海里建立起形象来，这种意识是绘画者有意识地巧妙安排的，也是在前期的场景写生中在大家视线的合理规划与引导下形成的。

这种营造思想的规划运用在后期设计表现图的绘制中也被应用到。在自然面前建筑是次要的，前期的场景写生主要是空间的营造和地脉气氛的保留，追求最大化的视觉上的适应、心理上的满足和愉悦体验，使之与不同观者产生共鸣。在后期的设计表现图的绘制中要强调人与自然之间的尺度表达，我们希望重新寻找中国古人通过山水关系梳理来进行营建的独特方式，用中国经典的山水画卷形式来实践中国园林的理念和智慧，这种建筑画形式符号的出现是传统景观意识向现代景观观念的一种转变（图7）（蔡泓秋，2010）。

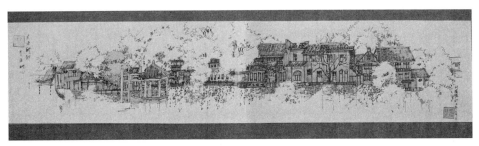

图7 李国旭《从柳江古镇写生到景观设计表现》

4 结语

我们的时代正经历着传统与现代、东方与西方的多元文化碰撞。目前，我国的建筑美学和建筑画技法受西方影响较多，但传统手法仍有它的表现对象，因此，将民族传统的美学与美学观念融汇于现代建筑画的创作中，在引进和学习西方现代艺术的浪潮中冷静思考，加深对中国本土文化和传统艺术的认识和感悟，自觉创新建筑画（丁蔓琪等，2010）。所以正确把握生活理念和文化准则，才能使东方传统的艺术表现形式和西方先进的表现手法相融合，才能创新中国建筑画的表现方式和技法，更完整地表达设计师的设计思想，为社会呈现更优秀的建筑艺术成果。

参 考 文 献

蔡泓秋. 2010. 建筑钢笔画教学随笔[J]. 华中建筑，(6)：180-182.

丁蔓琪, 汪如钢, 杨晓莉. 2010. 建筑画表现课程教学思路探讨[J]. 华中建筑, (6): 167-168.

傅熹年. 1998. 中国古代的建筑画[J]. 文物, (3): 75-94.

黄凯愉. 2012. 建筑画的立意[J]. 文学界 (理论版), (8): 309, 311.

赖德霖. 2013. 从现代建筑"画意"话语的发展看王澍建筑[J]. 建筑学报, (4): 80-91.

李春富. 1998. 技法 形式 理论——关于钢笔建筑画教学的体会[J]. 新建筑, (1): 61-63.

李方方. 1998. 借鉴传统手法创造新的建筑画境界[J]. 长安大学学报 (建筑与环境科学版), (1): 25-30.

李明星. 2011. 中国绘画中建筑画法的演变探究[D]. 哈尔滨: 哈尔滨师范大学.

李月林. 2010. 中国古代界画造型语言略论[J]. 中国美术馆, (12): 88-93.

佘石轩, 朱颖. 2012. 当代中国建筑, "意"在何方?[J]. 美术观察, (3): 12-13.

史荣利. 2012. 浅析中国古代建筑画艺术审美特征[J]. 美术界, (2): 98-99.

唐亮. 2012. 钢笔建筑写生与解析[J]. 建筑与文化, (8): 134-135.

王雪丹. 2010. 界画研究价值略论[J]. 作家, (22): 194-195.

夏克梁. 2004. 从艺术再现到艺术表现——谈建筑写生与建筑画[J]. 浙江工艺美术, (3): 17, 19-20.

辛克靖. 1994. 论中国古代建筑画的继承与创新[J]. 建筑, (5): 34.

民族高校空间设计与模型特色教学模式探索

肖　洲

摘　要：空间设计与模型是我国高校环境设计专业本科教学培养方案中的一门专业必修课，民族高校开设空间设计与模型课程，在遵循普通高校培养方案的前提下，必须从实际情况出发，利用自身的优势资源，结合民族传统建筑文化的学习，找到适合的特色教学模式。

关键词：民族高校；建筑空间；民族特色

1　空间设计与模型在环境设计专业中的重要性

1.1　空间设计与模型课程概述

空间设计与模型课程是我国高校环境设计专业本科教学培养方案中的一门专业必修课，是理论教学和实践结合的最基本的环节，其重要性不可忽视。该课程帮助学生建立空间设计概念，为后续专业设计的课程奠定基础。学生通过该课程的学习，在设计思想上建立空间设计的概念，了解不同类型的空间尺度，掌握单一空间的构成方法和组合空间的组织方式的知识，提高用三维的方式进行空间设计的能力，并且在熟悉模型制作的材料、工具及制作方法后，将自己的设计从图纸展示变成生动的实物形体。2010 年西南民族大学在各民族高校中率先成立了城市规划与建筑学院，这是民族高校开展学科建设、发展土木建筑类专业与环境艺术类专业的重要探索，是培养民族人才的重要举措。所以，民族高校空间设计与模型课程的特色教学具有重要意义，值得探索。

1.2　空间模型的设计特征

1）具有高度的感染力和形象的表现力。模型制作采用既能体现建筑质感又能烘托环境气氛的材料，包括先进的加工技术，以按照特定比例微缩实体的方式，逼真地展示出建筑的立体空间效果。模型不但能在视觉上感受到设计师的设计构想理念，还可以让大众参与其中，通过触觉来直观体验。这比翻阅建筑平面图、立面图、施工图更形象直观，具有更形象的表现力和更充分的说服力。所以在图纸完备但建筑实体工程还没修筑之前，设计师根据图纸数据模拟一个现实的模型十分必要，而且可以供参观者欣赏、评价。

2）对空间进行"再设计"。从设计构思到实物模型制作的转化过程，涉及形体、尺寸、色彩、材质、空间、结构、功能等要求，另外还有其自身设计构思的考虑，甚至有些甲方为了展示效果好，往往对于建筑模型的要求比效果图更严格，这样就提高了难度，需要设计师根据实际对模型空间进行"再设计"，不断地调整、修改和完善，以检验设计方案是否合理。

1.3 空间模型的设计制作原则

1）真实性原则。空间模型要做到真实地反映建筑空间，这是必须遵守的最基本原则。模型的表现力越强，建筑空间的真实性体现也就越到位，就更能直观地反映设计师的构思理念，从而帮助参观者形象地理解，而不再靠思维来想象。

2）功能性原则。空间模型的制作与使用以建筑实体内在的实用功能需求为基础，只有把握了建筑空间的不同形态、不同功能需求，其模型才能准确地反映建筑空间的原本形态。

3）审美性原则。空间模型展示的不仅是空间形态本身，还包括空间材质、色彩的美感，以及建筑空间与周边构筑物、周边环境的关系，因此在结构、功能的前提下，应把握建筑装饰风格，注重形式美。

4）预见性原则。空间模型是按照设计图纸，以特定比例微缩实体的方式，逼真地表现出建筑的立体空间，具有预见性的展示效果，给人遐想的空间，让大家有一种置身于此地的感觉。

5）工艺性原则。空间模型的制作追求艺术性的完美，要求制作工艺严格、细致、精益求精。模型制作本身就是一件饱含设计师、制作人员心血的艺术品，具有一定的工艺审美性。

2 民族高校环境设计专业开设空间设计与模型课程的必要性

2.1 民族高校办学原则简述

民族高等教育是我国高等教育事业的有机组成部分，遵循高等教育的一般规律。而民族高校作为民族高等教育的重要承担者，宗旨特定、使命特殊，还要符合民族高校的特殊规律。因此，必须坚持以培养各民族高素质人才为根本任务，以基本职能的充分发挥为基本标志，以提高教育质量为改革发展的核心任务，以学科建设为龙头工作，以师资队伍建设为主体工程，以促进各族学生全面发展、推动我国民族团结进步及事业创新发展为核心价值，最终为民族地区培育高素质人才，带动民族地区经济、文化的全面发展，逐渐消除贫富差距，为全面建成小康社会而努力。

2.2　空间设计与模型课程的现状

1）以西南民族大学为例，学校的空间设计与模型课程，其培养方案和教学大纲是参照一般普通高校艺术类专业的标准制定的，这个方向基本正确，但是更应该根据民族高校自身的特殊性，做出适当的调整，适应其教学。

2）民族高校的学生绝大部分来自民族地区，文化教育水平相对落后，他们的文化素质、专业修养还需要进一步提高，使其逐步养成科学的学习习惯，增长见识、拓宽知识面。

3）从学生模型作品中可以看出，在没有了解学习案例的历史背景、地形环境的情况下，盲目地将案例照搬到自己的作品中，显得生硬、呆板，不能与整体的空间形态融合。

3　民族高校空间设计与模型特色教学模式的阶段性探索

3.1　了解学生来源，根据其知识水平、认知能力，调整教学重点

民族高校的学生大部分来自民族地区，文化教育水平相对落后，课前教师应了解班上学生的实际情况，哪些来自民族地区，前期学过什么相关的专业知识，统计好后，适当地对教学大纲做出调整，增加和该课程相关的专业知识，再由浅入深地进行。比如，强调设计图纸的作图规范、空间形态的类型、空间的分割方法等。课堂实训以启发式引导为主，教师从多种角度、以多种方法启发，让学生学会举一反三，使空洞的理论准确地通过图纸体现出来。

3.2　融入民族性理论，传承与发展民族传统文化

从民族高校的办学方针可以看出，民族高校旨在为民族地区培养高素质人才，最终将服务于民族地区，带动民族地区经济、文化的全面发展。民族高校开设空间设计与模型等专业课程，目的也是为民族地区培养设计人才，为改善民族地区的居住环境、优化民族地区的空间结构献计献策，为民族地区创造出更加舒适的生活环境及更加丰富的精神文化生活做好服务工作。

为达到这一目标，首先就要对各个民族有所了解，学生虽然来自不同民族，

但是接触到的毕竟有限。因此，对各个民族的历史文化背景、建筑风格特色、民族信仰、劳动方式、生活习惯、兴趣爱好等方面，要做到系统地梳理，由面到点地细化。

以四川省阿坝藏族羌族自治州嘉绒藏族为例，嘉绒藏族聚居区处于四川省阿坝藏族羌族自治州和甘孜藏族自治州之间，地理位置十分重要，也是西北、西南各民族交汇的重要区域。嘉绒藏族不同于其他牧区藏族，以农耕生产为主。嘉绒藏族建筑的选址一般集中在高山河谷地区，建筑依山傍水，呈音阶状分布，色彩明快，气势宏伟。石碉是嘉绒地区独特的建筑形式，现在遍布嘉绒地区的石碉群，已经成为各方面文化人士关注的对象。以石碉为主的建筑文化是嘉绒文化的重要内容。

嘉绒民居受自然环境的影响，一般分为三层，最高一层只有一个房间，一般设置为经堂，供祭祀、念经专用，经堂的外面是晒坝，作为农作物晾晒区域。底层作为畜圈，二层是厨房及客厅，院子的侧面建有一排耳房，用作睡眠。主楼的两边还有一到二层低矮的房屋，是藏民起居饮食的主要活动空间。

嘉绒藏族建筑的外墙装饰比较朴素，总体以泥土的本色为基调，墙面最高处从上往下横向粉饰着白、黑、红三条色带。墙上画有丰富的图案，包括金刚结、胜利伞、万字符等体现藏传佛教的吉祥图案。白色的处理主要集中在建筑外墙的底部线条和窗户的边框装饰上，在泥土色墙面的对比下，白色的线条构成了一种形式美。用白色做装饰，一方面来自对"白年神"的崇尚，另一方面受到佛教的影响。

窗是嘉绒藏族民居中富有表现力的部分，设计很讲究。窗洞尺寸不大，它科学而严格地适应了高原寒冷、需要保温的特点。窗洞侧面和下方的外墙上常采用白色粉饰出藏族特有的梯形外框，上小下大，寓意着牛角，有吉祥之意，形成抽象概括的线型艺术形象，装饰性极强。

学习了嘉绒藏族聚居区的地形选址、建筑空间布局、室内外装饰艺术之后，作为设计师应该从现代审美、功能需求出发，不断完善其空间布局，合理调整结构，不断把民族传统文化艺术融汇其中，将民族元素加以提炼，与时代创新相结合，将嘉绒藏族的传统文化更好地传承与发展。

3.3 将课堂教学与民族地区实地测绘相结合

对于空间设计与模型课程的教学，教师按照教学大纲要求传授知识点，使学生系统化地了解建筑空间的界定及实体空间与灰空间的转化、过渡，以及不同空间类型分割空间的方法。但是对于学生来讲，从书本理论过渡到具体实物，从二维平面过渡到包含长、宽、高的三维形体，特别是具体空间中尺寸概念的把握都需要有实践的平台，才能准确地学习理解，这样才能为后续的模型制作打下基础。

实地测绘通过对具体空间长度、宽度、高度的测绘，准确把握空间尺寸及细部特征。民族高校学生主要来自民族地区，办学原则旨在为民族地区培养高素质人才，使其最终服务于民族地区，民族高校因其自身的资源优势，可以组织学生前往民族聚居区，开展田野调查、实地测绘，对区域内多个建筑群体采用分小组测绘的方式，得到数据后再集中进行整合，形成一套完整的图纸体系。这样的测绘实训是对前一阶段搜集到的民族传统建筑文化理论的再一次学习，同时也是对理论学习的重要补充。深入民族聚居区，还可以和当地居民聊天，倾听他们的讲述，了解他们的需求，为今后的设计工作做好前期准备。

3.4 严格的实验室操作体系及相关技术要求

1）分析提炼民族建筑空间最典型的形式语言。以嘉绒藏族民居为例，其建筑民居皆为石块砌墙、木质梁架的石木结构建筑，俗称碉房。碉房是将房屋整体建成一座平面呈长方形、立面呈四角碉的平面平顶式房屋。石块拌泥砌墙，墙底部较厚，顶部一般收缩至底墙50%的厚度，具体由所建房的楼层高度决定。嘉绒民居建筑层数常见的为三至四层，底层作畜圈，二层为厨房、堆放粮食、工具的库房及住房，顶层前半部分是晒坝，后半部人字形顶房堆放粮食、杂物。在房顶的四个转角处，砌造得高出来，粉刷成白色，形成四个尖角，远看如牛角。

2）模型的前期设计即草图设计。不同类型的模型决定了模型制作的精度，设计前就要确定好，再开始正式设计。草图设计阶段要修改三次：首先确定模型的形态，将典型的民族建筑特色表现在图纸上，其次经过讨论交流确定修改内容，完成定稿方案，最后根据定稿方案，完成最终的图纸。在此阶段，还要考虑模型的构造措施，特别是建筑细部特征的表现，使用什么类型的材料及相应的连接方式等，从整体上把控模型的最终效果。

3）实际制作阶段即制作成功的模型，合适的比例尺是首先应该关注的，比例尺又决定了模型的精度，还决定了模型的构造体系、受力形式，以确保模型所体现的最终建筑形态的合理性。在实际制作过程中，首先要熟悉实验室的机器设备，在安全无误的前提下进行实验操作。支撑体系的合理构建、空间形态的准确表达、模型精度的细致刻画、各个部件的完美连接都需要做到精益求精。

只有按照以上操作程序，才能把设计思想准确地体现出来，甚至展示出具有民族特色的新型建筑空间。

4 总结

民族高校开设空间设计与模型课程，在遵循普通高校培养方案的前提下，必须根据实际情况出发，利用自身的优势资源，结合民族传统建筑文化的学习，为民族地区建筑空间的发展提供服务，做出创新性的尝试和探索。

参 考 文 献

胡佳. 2003. 嘉绒藏族的建筑文化[J]. 浙江工艺美术, (2):17-18, 32-33.

李辉. 2011. 住宅建筑模型在设计构思阶段的作用[J]. 企业导报, (8): 251-252.

刘焕明. 2001. 建筑模型制作方法[M]. 北京: 中国轻工业出版社.

雀丹. 1995. 嘉绒藏族史志[M]. 北京: 民族出版社.

吴仕民. 2000. 中国民族教育[M]. 北京: 长城出版社.

融合与创新理念下的城市绿地系统规划
与设计课程教学

周　媛　陈　娟　黄麟涵

摘　要： 本文在分析城市绿地系统规划与设计课程特点的基础上，从理论教学和设计实践教学两个方面入手，提出多目标多学科融合、不同教学方法融会贯通、课程设计创新与转化的教学思路及教学方法的完善与更新。基于绿地实地调研与生态效益实验，融合不同学科相关理论知识，借助生态分析技术完善理论教学及课程设计实践内容体系。理论与实践紧密联系的课程优化设计能拓宽学生视野，培养学生统筹规划能力，为独立完成绿地系统规划及相关设计工作奠定坚实的基础。

关键词： 融合与创新；城市绿地系统；理论教学；设计实践教学

1 城市绿地系统规划与设计课程特点

　　城市绿地系统规划与设计是西南民族大学风景园林专业的核心课程，也是融合多门学科知识的综合性专业课程。该课程旨在培养学生从宏观层面看待和解决城乡统筹发展、城市绿地建设与生态保护等问题，能够系统性地综合利用相关学科知识对城市绿地进行科学合理的规划设计。城市绿地系统规划是城市总体规划中的一个专项规划，主要分为城市绿地系统规划和城市各类绿地详细规划两大部分：前者主要侧重于掌握和利用城市总体规划、景观生态学等相关基础知识进行城市绿地空间布局及绿色空间网络体系的构建；后者则强调公园绿地、生产绿地、防护绿地、附属绿地、其他绿地的规划设计要点、设计手法和植物配置等知识点（楼一蕾，2013）。

　　近年来，随着城乡统筹建设发展的需求，城市绿地系统规划不再仅仅局限于城市范围内的规划设计，更趋向于区域规划及国土规划层面（王立科，2015；梁彦兰等，2016）。因此，该课程在教学过程中立足于规划学科的优势，整合区域资源优势，借助景观生态学原理及 3S 空间分析技术[遥感技术（remote sensing，RS）、地理信息系统（geography information systems，GIS）和全球定位系统（global positioning systems，GPS）]，倡导区域范围内绿地资源的生态分析评价及绿地生态保护技术，把握学科发展前沿，融合其他相关学科知识点，倡导新的设计理念，拓展学生的设计思维，以提高学生的综合规划设计能力。

2 多目标融合是课程理论教学的基础

2.1 多元教学目标的融合

学生通过本课程的学习，掌握城市绿地系统规划与设计的基本理论与基本方法、城市绿地的分类、各项绿地指标计算、各类绿地规划设计方法等内容，能够从区域甚至更高层次看待和解决城市绿地系统规划及城市生态环境问题（张媛等，2009；雷芸，2011）。同时，注重培养学生在实际规划项目中运用理论知识解决实际问题的综合分析及协调能力，培养学生与时俱进的自主学习能力、规划设计能力及独立思考能力。

2.2 树立多学科融合的绿地规划理念

城市绿地系统规划与设计是集景观设计、植物造景、景观生态、城市环境、建筑学、城乡规划、法律法规、艺术美学、工程技术、遗产保护与更新等多学科高度融合的应用型课程（郭丽娟等，2014）。多学科交叉和相关理论支撑为绿地系统规划与设计提供了坚实的基础，有利于学生理解城乡统筹发展与生态环境之间的问题，使学生能够站在宏观的角度建立完整的绿地空间规划框架。该课程从不同学科的角度出发，丰富绿地系统规划设计理论，形成多元化、多层次、系统性的城市绿地系统规划与设计方法体系。因此，海绵城市理论、热岛效应、生态适宜性评价、景观可达性、景观格局分析、大气环境效应、气候适应性等相关生态规划理念和思维方式在城市绿地系统规划与设计中都具有重要的指导意义（梁彦兰等，2016）。在设计实践中，从城市公园的建设、通风廊道的建设、绿廊—绿带—绿心的建设、绿道建设、绿地空间结构建设逐步发展到城乡绿地生态网络体系建设、绿色基础设施建设以及区域绿色空间生态规划的高度，使城市绿地系统成为改善城市生态环境、促进人居环境可持续发展的关键因素。

同时，在城市绿地系统规划与设计实践中，绿地的规划与布局不是"见缝插针"式的建设，也不是简单地进行人均绿地面积、绿地率、绿化覆盖率等具体指标的计算，而是结合城市内自然环境要素特点，如河流水系、地形地貌、自身的绿地空间布局、气候环境等要素，在生态适宜性综合评价、热岛效应、景观格局现状等相关生态分析的基础上，依据相关部门的法规政策建设点、线、面相结合及多位一体的城乡绿地生态网络结构系统。多学科知识点的融合使学生能够逐步树立层次性、系统性的绿地系统规划思想，从而实现城市绿地景观资源的合理配置。

2.3 教学方法的融会贯通是理论教学的核心

（1）利用各种技术途径收集相关资料

城市绿地系统规划与设计课程涵盖的知识面较广，这就需要学生具有较强的资料收集能力。在教学过程中教师引导学生利用网络资源和学校图书馆的各种数据库，如与绿地系统规划与设计相关的学术期刊、硕博士论文、外文文献等，定期更新与该课程相关的各种信息资源，掌握学科发展前沿动态，借鉴最新的理论与技术方法。

（2）改进教学方法，提高实践能力

针对课程应用性、实践性强的特点，在教学过程中，强调理论与实践教学的相互交叉渗透。如教师可以通过学校与设计院等单位合作，积极参与实际的绿地系统规划设计项目，将项目设计经验、社会需求等信息反馈到课堂中；教师积极参与科研项目，将学科发展动态、研究成果和研究方向等信息传达给学生。在学生理解城市绿地分类和绿地系统规划的内容后，可结合课程设计安排学生分组调研不同的绿地类型，考察具有地域文化特色的城市绿地系统规划，在实地调研的过程中真正理解绿地的形式、空间布局及特色的概念、绿地的规划方法与技术（唐慧超，2017）。调研成果绘制成图纸并做成 PPT 展示，以小组为单位进行汇报，教师进行点评。这种方式让学生从课堂真正地走到"绿地"中去，在感性认识绿地相关概念的同时建立正确的尺度感。

（3）理论教学与案例教学相结合

一方面，绿地系统规划与设计的原则、方法等内容十分抽象，学生对整个城市绿地的把握不可能在短时间内形成。通过典型实例分析引导学生理解、深化理论内容。在讲授绿地空间布局时结合具有典型特征的城市绿地系统规划图，分析不同地形地貌的城市在形成绿地空间结构方面的特色及优缺点。讲授绿地系统规划设计内容时，可结合教师实际规划项目，向学生讲解规划过程中遇到的问题及解决方法，以及如何将相关理论知识运用到实际的规划设计中去，让学生能够直观地看到规划内容如何转化为图示语言（张媛等，2009）。

另一方面，采用案例解读的教学方式引导学生准确把握城市绿地系统规划发展历程中各种规划思想的产生背景，开阔专业视野，拓展设计思路。案例解读主要采取以学生的成果汇报和自主学习为主，以教师的指导、点评和相关知识点拓展为辅的教学模式。学生通过查阅相关资料，选择某一经典的城市绿地系统规划案例，从自身的观察角度入手，深层次地剖析绿地系统规划的核心思想，找到绿地系统规划的逻辑发展关系。同时，鼓励学生在课堂上汇报研究成果，师生共同探讨交流，以理解规划案例的精髓部分。

（4）开放议题的引入

在教学过程中，授课方式由以教师讲授为中心向以学生讨论为中心转移，引入互动式、讨论式、参与式等教学方法，实行启发式教学（王崑等，2011）。教师在对该课程重要知识模块进行分解重组的基础上，选择一定的开放式议题让学生查找资料、进行思考，安排一定的课时，进行小组讨论，并进行引导、提示和点评，从多方面开发和培养学生自主学习、综合运用知识的能力（周聪惠等，2017）。每个议题涵盖一定的基本理论、设计方法、应用实践等内容。通过对开放式议题的选择、课前准备、课堂研讨、知识讲解、分析总结等环节，在师生之间建构起紧密的互动机制。开放式议题的设置不仅将城市绿地系统规划基本理论知识体系与设计实践问题优化重组，还构建起一套涵盖规划政策法规、编制方法、空间布局、规划技术等内容的实战应用型知识体系，既扩展了学生知识学习的广度，又强化了学生知识应用的深度。

3　创新与转换是课程设计实践教学的关键

以课程设计为载体，结合实地调研等工作，将基本理论与方法应用到设计实践中，强化学生对理论知识的理解和掌握。课程设计一般选择在学校所在的城市或周边的乡镇进行，学生可以实地踏勘调研。每个班根据人数划分为若干个 4~5 人的规划设计小组，教师提供场地的现状地形图及规划设计任务书。各组讨论制定相应的调研大纲，并根据组员特点合理分配调研任务，以有序展开各类绿地的现状调研。根据绿地系统规划设计的特点，可将规划设计工作划分为现状调研、初步构思、总体布局、详细规划、方案汇报 5 个节点。要求学生根据进度安排完成不同阶段的成果，定期在课堂上进行汇报，由指导教师进行点评，提出阶段性成果存在的问题，学生利用课下时间修改并继续推进新的成果内容，以此循序渐进地完成整个课程设计的教学任务。由于规划设计任务相对较多，这就要求组内成员之间分工协作，每人在负责完成相关规划设计内容的同时，还需共同讨论分析方案，形成最终的成果。以小组为单位的教学方式不仅培养了学生的团队协作能力、严谨认真的工作态度，同时也锻炼了学生展示方案、沟通交流及口头表达的能力。

在城市绿地实地调研之前，每组选择需要调研的绿地样地，包括公园、生产绿地、防护绿地、各类附属绿地等。以公园为例，在公园绿地内，根据公园的面积大小及植被特点，选择若干个样方（20 米×20 米，40 米×40 米，20 米×80 米）进行调查。利用 GPS 对每个样方进行定位，记录每个点的空间坐标、实际土地利用/覆被类型、绿地景观类型、郁闭度等信息。同时记录样方内植物的种类、胸径、冠幅、高度、生长状况、株数等情况，并填写绿地调研分析表。通过填写调研记录表的形式了解城市绿地的结构布局、空间形态、植被类型等内容。为了加强学生对城市生态环境问题与绿地生态效益的理解，可将绿地实地调研与城市绿地生态环境效益研究的实验内容相结合。学生在绿地调研的同时，也对不同类型绿地和空旷地的温度、湿度、噪声、风速、PM2.5、PM10 等生态因子含量进行测定，初步了解园林绿地的生态功能（王崑等，2011）。

为了从宏观角度出发理解和运用城市绿地系统规划的相关理论（周聪惠等，2017），可指导学生基于高分辨率遥感影像，利用 ArcGIS 空间分析技术进行区域范围内的绿地生态分析。如借助遥感影像，参照《城市用地分类与规划建设用地标准》（GBJ 137—90）及《城市绿地分类标准》（CJJ/T 85—2002），利用 ArcGIS 对规划设计区域内的遥感影像进行目视解译，以获得城市用地分类图及城市绿地分类图。根据绿地调研的实地踏勘定位，可与遥感影像进行比对，以开展城市土地利用类型及各类绿地目视解译数据的分类验证。每组借助景观格局指数计算软件，对城市绿地景观格局现状进行综合分析评价。对设计区域的生态环境进行生态适宜性评价，寻找建设绿地的适宜位置，并完成绿地系统生态分析专题的研究。

学生以小组为单位，根据拟定的调研大纲进行调研，了解绿地的功能、形式、构成要素、空间布局结构，运用所学的相关理论及生态分析技术分组讨论，进一步探寻绿地建设的特点及存在的主要问题，并分析其内在原因，提出解决方案和对策，调查结果以 PPT 形式进行课堂汇报，并将调研结果运用到绿地系统设计实践中。该教学模式对培养学生的整体思维能力，帮助学生建立宏观规划概念及掌握绿地系统规划方法具有重要的意义。

4　结语

城市绿地系统规划与设计是一门理论与实践紧密联系的课程。在教学过程中，突破传统的以教师为中心的理论讲授为主的教学方式，形成以教师指导下的学生为主体，加入开放式议题，引入启发式、讨论式、参与式、案例分析等教学方法，增加设计实践教学的比例，依托课程设计展开实地调研，将理论知识和设计实践相结合，充分调动学生的学习热情，培养学生独立思考、分析问题和解决问题的实践能力。通过对教学课程的优化，课程知识体系转化为一个由多层次、多学科支撑的复合理论体系，将城乡规划、景观建筑、园林美学、植物景观、景观生态等多个专业知识进行融合，建立系统性的城市绿地规划概念，为学生毕业之后从事城乡规划、景观设计、绿地系统规划等相关工作奠定坚实的理论及方法技能基础。

参 考 文 献

郭丽娟, 邵明晖, 李书亭, 等. 2014. 风景园林教学改革与实践[J]. 牡丹江师范学院学报(自然科学版), (4): 79-80.

雷芸. 2011. "绿规"课程中城市绿地实习环节的教改探索[C]. 中国风景园林学会 2011 年会论文集(上册): 296.

梁彦兰, 王保民. 2016. 城市绿地系统规划课程教学改革探讨[J]. 安阳工学院学报, 15(4): 109-111.

楼一蕾. 2013. 风景园林专业《城市绿地系统规划》课程教学改革研究[J]. 现代园艺, (11): 223-224.

申世广. 2010. 3S 技术支持下的城市绿地系统规划研究[D]. 南京: 南京林业大学.

唐慧超. 2017. 基于系统思维培养的"城市绿地系统规划"课程教学改革[J]. 中国林业教育, 35(1): 61-63.

王崑, 王钊, 耿美云, 等. 2011. 《城市园林绿地规划》精品课程建设研究与实践[J]. 黑龙江生态工程职业学院学报, (5): 71-73.

王立科. 2015. 园林规划设计课程的案例解读教学实践与探索[J]. 现代园艺, (13): 134-135.

张媛, 王沛永. 2009. "城市绿地系统规划"课程教学改革的研究[C]. 中国风景园林学会 2009 年会论文集: 166-168.

周聪惠, 胡樱, 吴韵. 2017. 基于开放式议题集成知识模块的风景园林专题研讨课——以东南大学《城市绿地系统规划》课程教改为例[J]. 风景园林, (10): 117-122.

风景园林专业表现技法课程教学探讨

黄麟涵　郑春滢　周　媛

摘　要： 表现技法是风景园林专业的一门重要基础课程。本文在课程发展大背景下，明确了创新性与多元性结合的课程目标，并从这两个目标入手，探讨多种教学方式和方法论，其中包括构建基础教学、参与互动性教学、多学科渗透结合、鼓励多元化发展、创新性思维和兴趣习惯的培养等方面，以此来补充和完善教学内容。在理论结合实践的基础上探讨出多种可能性，与时代的发展和社会的需求接轨。

关键词： 表现技法；创新性与差异性；多元化渗透结合；理论和实践

1　课程背景

表现技法是风景园林专业的一门重要基础课程。该课程集艺术性与技术性于一体，对学生和教师均有较高的要求。现今表现技法课程开设的目的主要有以下几点：一是为学生打好美术基础和提高学生审美能力；二是帮助学生快速使方案成型和美化设计成果；三是提高学生各种应试能力，学会多种材料的表达方式。

但是随着计算机和互联网的普及，手绘技能越来越被忽视，学生的美术基础比较薄弱，过度依赖电脑。对于手绘既没有心理上的重视，又缺乏行动上的动力。

2　创新性和多元化相互渗透的教学目标

2.1　创新性的教学目标

表现技法是一门手绘实践课程，区别于传统的理论教学方式。如果只是一味地自上而下，用教师讲授、学生临摹的方式去教学，虽然确有成效，但是却消磨了学生的个性，使学生形成千篇一律的表现手法和审美倾向，也不能很好地激发学生的自主创作能力。在艺术造型的培养当中，创新性的思维和多元化宽阔的眼光尤其重要。所以应该选择一种新颖的教学方式来适应现代飞速发展的社会需求。

2.2 多元化相互渗透的教学目标

表现技法应该和其他设计课程以及理论课程相结合，形成课程上的连贯性和多元化，让学生把不同学科的知识结合在一起融会贯通，这不仅可以突破表现技法的局限性，也能做到理论和实践相结合。表现技法课程让学生把手绘和美学造型当作一种生活和职业的修养，是一门可以渗透到生活方方面面的学问，甚至是可以让生活变得更加美好的一个修为。

图示表达往往是研究、推敲设计方案和表达自己设计构想的方便快捷的语言，在收集资料与信息方面同样有很大的优势，掌握了手绘技法，可以对现场或基地现状进行记录，为后面的设计构思做准备。在平时也可以不断积累自己感兴趣的东西，以便为设计提供更多的信息资料。社会在不断前进，手绘表现教学也应该跟随发展的步伐，采用创新的教学方法，使学生积极主动参与，发挥主观能动性进行创作和学习，在以后的工作中也能持续保持这种热情，把手绘当成一种习惯、一种爱好。

3 课程教学实施途径

3.1 建构基础架构，重视学习观察

在多年的手绘教学中，基础的夯实尤为重要。前期必然要经历一个量变到质变的过程。所以这一阶段难免会有些枯燥乏味，需要时刻提醒其关键性，督促学生完成任务。在教学中，采取从小到大、从浅入深的方法，可以从两个大方向来提升基础。第一，从线条入手，最开始选择的是最常用、最熟悉的钢笔，对象可以为一些家具、单棵花草、软质景观的纹理。在教学过程中，示范正确的用笔习惯及用力方式，用熟练、简练、流畅和准确的线条去描绘物体的结构、肌理和转折关系。线条的好坏直接影响一幅作品最后是否具有美感、节奏和表现力，甚至也会影响其他材料的上色效果。第二，除了让学生临摹刻画小物件，还应该培养学生的观察能力，观察与思考是一个人学习和自主创作的前提。引导学生无论在写生还是临摹前，都要先仔细观察体会，思考我要怎么画，为什么别人会这么表现。让学生体会观察分解各个物体，学会先用总括的眼光去观察一个物体，然后分解再组合，最后刻画，形成一套系统的观察方式，而不是简单地"依葫芦画瓢"，要学会总结归纳，寻找规律。这种观察思考式的学习应该贯穿在整个教学过程中，这也是教学的前提和关键。

3.2 实施参与互动性教学，提升学生兴趣

在课程内容上要打破传统的教学模式，实行创新性的教学模式。除了教师讲

解示范以外，还要提高学生的参与感和互动感，主要从以下两个方面入手。一方面是评图方式的改变。相互评改作业，相互提出改进意见，让学生自己去发现问题和找出解决问题的方式方法。让学生自己成为自己的"老师"，主动找出缺点，而不是被动地听取意见。选择优秀范例，让学生自己分析临摹其作品的用笔方式、用色方式、色彩搭配、表现不同材质的简易方法。在这一过程中主要吸收和掌握有价值的技法部分，学习理性化和公式化的作画步骤。训练自己的分析能力和动手能力，同时逐步掌握绘图工具，在较短时间内取得一定的效果。另一方面是对象的丰富化，即绘画对象的扩展。如果一直画与学科相关的建筑花草，难免给人目的性太强、完成任务的感觉，也容易枯燥单调。教师在教学过程中发现年轻学生多受到"二次元"的影响，所以有意地在课程中穿插了动物 Q 版设计、喜爱的动漫角色练习小作业，大大提升了学生的积极能动性。把课程和爱好相互渗透会提高学生学习效率，达到事半功倍的效果。除此之外，举办"海报评选"等设计比赛也能提高学生的参与感和成就感。

3.3 鼓励多元化发展、多样化审美和思维

要求创新性就得允许差异性，学生的思维很容易受到周边环境的影响，如果一味讲究规范化，那么必然会抹杀学生的个性，创新又从何谈起。现今社会发展迅速，对于创新的寻求前所未有，而作为高等教育教学任务的创新性至关重要。特别是对于表现技法这门艺术实践课来说，就更不应该给学生立框架和太多标准。在具体教学中首先让学生多看画，多了解艺术的历史，让他们看到各个时期各个类别的绘画艺术，指导绘画艺术是在不断革新自我、不断创造的过程中形成的，既不能过于自大又要懂得保留自己的特色；其次找到自己喜欢的风格和艺术作品，可以做临摹练习，在临摹中体会其美学的形成和意义；最后鼓励学生走出自己的风格，大胆创新、小心求证。在整个创新的摸索中最重要的是端正态度：站在客观的立场上去审视不同的风格，不要立刻否定、反对某一种观点和风格。形成独立的思维和开阔的眼界，不但有利于多样化的创作，也有利于和不同人的合作创造。

吸取多元化的表达方式，学会使用多种材料进行表达。在课堂训练中，让学生尽量使用多种材料进行练习，如马克笔、彩色铅笔、油画棒、记号笔、荧光笔等；让学生熟练掌握各种笔的性能，研究每种笔的使用优势，选择自己喜欢的、适合自己的表达方式作为专长研究，在平常学习中作为常用的工具来练习。

3.4 注重多学科实践的结合，理论联系实际

学科之间的相互渗透和融合相当重要，表现技法课程会涉及透视学、空间理论等课程，在表达成果时也会涉及设计课程图纸表达等方面。多学科结合的性质

要求在教学过程中多利用其他学科的知识来完成教学，让学生意识到学科之间的联系。在表达成果时尽量利用课程设计课来进行训练，比如结合学生的设计来表现某一个角度、某一个情绪、某一个空间的成图效果。最后的考试评估也可以结合课程设计进行，完成效果图的表现，既可以达到手绘训练的目的，又可以及时地展示手绘在设计中的重要性。还可以根据学生不同的设计立意安排不一样的表达方式，让课程和设计结合得更紧密，让学生更加实在地感受到手绘的作用和应用方式。和实践结合的另一个方面就是在课程中安插写生的训练，户外写生和室内写生可以交叉进行，在基础训练临摹的基础上转换到写生训练，提高学生的自主创作能力，也可以训练学生的构图能力、绘画技巧等。

3.5 建立鼓励机制，形成良性循环

积极的正能量鼓励可以让人充满动力和希望。课程中的鼓励机制可以进一步提高学生的兴趣。让学生讲述自己学习的心得体会，抓住每个学生的优点进行交流。建立手绘交流群，多进行正面评价和鼓励，形成良性循环。

4 结语

表现技法课程的学习有助于锻炼学生的创造能力。一幅优秀的效果图背后有着无数张草图和推敲方案，更有着无数个结构的详细尺寸图、解剖图与分解图。这些都是需要长时间的积累和学习的，因此课程的创新和多元化结合相当重要。从牢固基础、形成正确的观察方式和独立的创新风格、体会手绘的乐趣和实用性这些方面做起，让表现技法课程能够更加有针对性地培养各类人才，适应这个社会的发展。

参 考 文 献

王恒. 2012. 建筑及景观设计中手绘表现技法的应用研究[D]. 保定: 河北农业大学.
喻明红. 2012. 城市规划专业《规划手绘表现技法》课程教改探索[J]. 教育教学论坛, (45): 46-47, 278.
张伶伶, 李存东. 2014. 建筑创作思维的过程和表达[M]. 2版. 北京: 中国建筑工业出版社.
张夏, 胡鹏. 2007. 手绘设计表现技法初探[J]. 美术大观, (9): 92.
赵怡. 2015. 室内外手绘表现技法课程教学改革探索[J]. 读与写（教育教学刊）, 12(9): 53.

视觉设计基础课程教育模式更新探索

江 瑜

摘　要：随着中国社会的发展，设计行业也愈加受到人们的关注与重视。尤其是与人们生活息息相关的建筑设计、城乡规划设计以及风景园林设计，更是发生了巨大的改变。人们从外向型消费逐步转向内向型消费，对环境产生了新的诉求，这也要求当代从事建筑设计、城乡规划设计及风景园林设计的设计师具备更强的能力。作为设计教学单位，我们有责任为当代社会培养出符合时代需求的新型人才。基于现代社会对设计的需求，我们的设计教育模式也应该持续进行相应的调整和探索。本文将结合设计教育实践，力图探索一种新型基础教育模式，实现设计基础教育与后期专业教育的有效对接，从而培养出适应当今社会的设计人才。

关键词：设计教育；基础课程；教育模式；新型人才

1　视觉设计基础课程教育模式更新探索的必要性

视觉设计基础课程是建筑学专业、城乡规划专业以及风景园林专业的基础必修课程。视觉设计基础课程主要服务于后期设计课程，长期以来，基础课教育都以培养学生绘图技能为主，类似于美术基础教育。但是基于建筑学、城乡规划及风景园林专业设计课程的特殊需求，笔者认为视觉设计基础课程也应该做出相应的调整。视觉设计基础课程的更新有利于学生理解和掌握必要的知识点及技能，增强自身设计能力，达到事半功倍的效果。

在近几年的实际教学过程中，笔者发现几个重点问题亟待解决。首先，基础课所面对的学生都是低年级学生，基础比较薄弱，认知水平有限，对知识点不能较好地理解，这就导致学生在实操训练中始终达不到想要的目标。当学生对基础课的知识点及技能不能较好地掌握时，后期设计课程也会受到相应的影响。其次，基础课的教学目标与教学方案若沿袭美术基础教育内容，则不能很好地与其他专业课程进行对接。最后，学生对设计学科的认知有限，学习的目标性不强。在设计课程的教学中，所有的课程都是一环套一环的，若不能改善这种情况，那么必定会进入一种恶性循环。针对以上的问题，笔者认为有必要对视觉基础课程进行教育模式的更新探索。

2　视觉设计基础课程教育模式更新探索的主要方向

在进行视觉设计基础课程教育模式更新探索的过程中，笔者认为有如下几个重点区块需要思考：首先应着眼于教学目标，制订清晰而目标性强的计划非常有必要，教学目标将直接作用于教学计划的制订。在制定教学目标时，有必要与建筑学、城乡规划及风景园林专业课教师进行交流，以保证教学目标的有效性和针对性，并实现课程之间的对接。其次，根据教学目标制订相应的教学方案。教学方案也是多元化教育模式探索中的重点区块，有效的教学内容和教学方法可以极大地提高学生学习效率。最后，课后及时进行信息反馈。学生作业是信息反馈的重要渠道，除此之外，课堂汇报及课下谈话也可以获得较为准确的信息，教师可以通过学生的学习状态及时调整教学方案。

近几年来，笔者在视觉设计基础课程中进行了四次较大的教学计划调整，针对学生的实际情况，逐渐梳理出了教学方法，不断从实践中总结经验，并且持续更新教学方案，希望能探索出一套行之有效的办法。

3　视觉设计基础课程的教学目标设定

视觉设计基础课的教学目标设定在整个课程中起着非常重要的作用，也是首先要解决的问题。教学目标的确立实际是确立教师在课堂上要做什么。根据与建筑设计、城乡规划及风景园林专业的教师进行交流和讨论的结果，笔者确定了五个该课程教学目标的重点方向。

1）训练学生的观察能力。"看"是一切视觉设计类活动的基础，视觉也是人类获得信息的主要途径，但是学习设计的人要看什么、怎么看，这却是需要训练的。这种能力我们称之为"观察能力"，尤其是对细节的观察能力。我们的客观环境其实并未改变，但是我们所能感知到的内容却会因观察能力的不同而有所不同。所以在基础教学目标中第一点便是有效地训练学生的观察能力。

2）训练学生分析物体构成元素的能力。每个物体都是由基本构成元素组合而成的，不管是多么复杂的形态，最终都可以被拆分为最基础的构成元素。认识物体的基本构成元素以及分析物体构成元素之间的组合关系，对学生认知水平的提高有重大意义。在后期专业设计课程中，学生经常需要分析并认知复杂的建筑结构，所以视觉设计基础课上的训练有助于学生认知复杂的结构关系。

3）训练学生的表现能力。通过线条，将对象物体表现出来，这是设计教学的基本要求。线形态是造型过程中最常用的一种表现形式，也是最有效的表达方式，我们在绘图时便是围绕物体的结构编织线条进行的，所以学生必须在基础课阶段学会并熟练运用线条来进行表达。后期的设计专业课程中，学生需要通过草图表达自己的方案，所以这部分训练是为设计表达打基础。这部分训练会涉及一些表现技法和表现风格，最终都是为后期设计课服务。

4）训练学生的创作能力。这部分内容是在前面几个教学目标的基础上进行的升级训练，并适当引入了构成的知识点。当学生可以正确认知物体的基本构成元素之后，尝试让其进行基本元素的重构。这个教学目标是根据设计类专业课程的需求而考量设定的，在解构及重构的过程中，学生可以对物体进行较深层次的认知，并激发自身创造力。

5）训练学生的色彩认知能力和配色能力。在视觉设计基础课程中，除了训练学生对物体形态、结构、空间组合的认知和表现能力外，色彩认知和配色也是在基础教育阶段需要解决的问题。色彩在设计中并不是首要考虑的因素，但却是最重要的因素之一。人类通过视觉接收到的信息中，最重要的一个区块就是色彩。色彩搭配对设计的最终效果有举足轻重的影响，所以在基础教育阶段，我们有必要对学生进行色彩认知教育及配色能力的训练。

4　视觉设计基础课程的教学方案设定

视觉设计基础课程的教学方案是根据教学目标设定的，与以往的教学方案相比，笔者进行了一定程度的调整和修改，确定了几个教学方案的重点区块。

4.1　观察能力训练课程（课程初期阶段）

在观察能力的训练课程中，学生将对教师所摆放的静物进行细致的观察。观察的内容分两类：一类为单个物体，另一类为静物组合。单个物体的观察重点在于物体形态特征、细节特征、材质肌理特征；静物组合的观察重点在于物体之间的位置关系。在观察过程中，重点是"比较"，例如一个静物组合，先找出组合中最主要的物体，所有的其他物体都会与这个主要物体发生关系，通过不断的观察和比较找出它们之间的形态差异、位置以及比例关系。

在观察的过程中，引导学生认知立体形态，立体形态除了有高度、宽度，还有深度（厚度），我们称之为三维空间。那么在二维平面上要表达出三维空间，需要学生正确表达物体的透视变化,教师在观察过程中引入透视原理与常用术语。透视原理是客观表达对象物体的基础，如果不能正确解决透视问题，那么所绘制出来的图便会出现错误。透视原理分为三种类型：平行透视、成角透视、圆面透视。近大远小的规律便是绘画透视的基本原理。

透视原理是学生最难掌握的一个知识点，必须建立在理解的基础上才能熟练运用，所以这部分内容需要教师在课程中反复强调，在实际教学中，建议教师运用多媒体展示物体动态变化，这样更有利于学生理解透视原理。

4.2　立体形态基本视觉元素认知课程（课程初期阶段）

在前期观察能力训练课程基础上，开始展开立体形态基本视觉元素认知课程。

早在 19 世纪 70 年代，印象派绘画大师保罗塞尚就提出了"所有的形体都是由柱体、圆体、方体、椎体等基本形体构成的"理论。在他的风景画中，树木、山脉、房屋、人物的造型极其简化，强调对象的轮廓，省略细节，具有几何化特征。视觉设计基础课程中所使用的石膏几何体就是被拆分至不能再拆分的立体形态基本要素，那么所有立体形态都是由这些形态组合而成的。例如一个酒瓶，便是由两个圆柱体及一个圆锥体局部组合而成的。

课堂上由教师展示一系列物体，由简到繁，让学生陈述物体的基本构成要素。接下来，教师运用多媒体展示一系列建筑图片，让学生尝试对建筑进行形态分析，讨论并阐述建筑的构成要素。通过讨论强化学生对立体形态基本视觉元素的认知，通过观看和分析物体以及建筑，强化学生的分析能力。教师在此阶段课程中，尽量让学生独立讨论并进行阐述，教师进行点评。

4.3　写生训练课程（课程中期阶段）

在前阶段观察与分析的基础上，开始进行写生训练课程。

写生训练的目标是让学生熟练用线来表现客观对象物体。以前所采用的美术基础课的训练方式，会引入光影素描和表现风格的内容，但是基于建筑专业、城乡规划专业及风景园林专业的特殊要求，笔者将光影素描、表现风格、色彩写生部分进行了适当的删减，着重训练学生用线表达的能力。这里笔者想申明一点对于美术基础教育的误区，美术基础教育的重点区块，即素描和色彩训练，并不是一种主观而随意的创作。素描和色彩训练是建立在一套科学观察体系上的造型方法，尤其是素描，具有严谨而理性的系统程序，帮助我们正确认知对象物体并进行客观表达。所以在视觉设计基础课程中，笔者并没有颠覆传统素描基础和色彩训练，只是将训练的侧重点进行了修整，素描和色彩训练中的观察方法、分析方法以及造型技法对所有设计类专业都是有效的，这是学生必须掌握的技能。

训练过程中，教师要求学生用线表达物体形态、物体结构以及物体之间的组合关系。尤其是对于物体结构表现的训练，是整个课程的重点区块。在后期专业课程中，学生会绘制建筑剖透视图，在基础课程中对于物体结构的分析和表现训练，有助于学生在后期课程中与建筑剖透视图绘制进行对接。

在写生训练过程中，首先进行石膏几何体写生，强化学生对物体基本视觉元素的认知。逐步由单个物体进阶到静物组合，静物组合不仅需要解决单个物体的结构分析问题，还需要处理物体之间的空间位置关系，在这部分教师将对构图进行较为系统的介绍。构图其实涉及形式美法则领域，什么是好的构图？为什么好的构图会让人觉得美？构图的技巧是什么？……这些问题都是设计课程初步教育中需要学生掌握的内容。表面上看，构图只是在解决二维平面上物体之间的位置摆放问题，实则却是在训练学生对于形式的把控。

在静物组合写生训练之后，便开始进行建筑物及景观小品实地写生训练，这部分写生训练将在校园中进行。建筑物实景写生是前期静物写生的进阶训练，前期所描绘的对象物体体积普遍较小，可以迅速把控整体画面，较准确地表现透视关系，将写生对象换为建筑物以及景观小品后，对于整体的把控就变得有难度了。这要求学生运用科学的观察和分析方法，选取恰当的描绘角度，并且准确把控建筑透视关系。

在写生过程中，除了纯线描表现外，还会适当加入水彩淡彩训练，钢笔淡彩一直都是建筑表现常用的技法，所以在基础写生训练中让学生开始学习运用此技法。

写生训练需要学生进行大量练习，通过反复练习，熟悉观察方法、分析方法和造型技法，并在练习过程中逐步感知形式美法则。

4.4 临摹训练课程（课程中期阶段）

在写生训练的同时，加入临摹训练课程。临摹内容主要为建筑线描。

建筑线描的临摹训练可以让学生在熟悉用线的同时，学习建筑的表现技法，为后期专业课程打下基础。建筑的表达与纯美术表达侧重点不同，建筑表达更趋于理性。建筑线描也多用于资料搜集与灵感积累，欧阳桦老师在《重庆近代城市建筑》一书中说道："创作课的指导教师、油画家钟定强先生要我们创作组的同学深入城市的各个角落，注意观察具有重庆山城特色的房屋建筑和山城城市景观环境，从中感受其独特的地域文化所具有的美感，并提炼出可资创作的元素。为了创作，笔者穿梭于城市的各个角落，收集记录了各种有时代特色的老建筑资料。开始是好奇，没想到却被那些老建筑的艺术魅力所感染，萌生了强烈的创作欲望。"由此可见，建筑线描对于建筑专业、城乡规划专业及风景园林专业的重要性。

通过课堂上系统而科学的写生训练，以及课后临摹训练，逐步让学生掌握建筑线描的方法，为后期专业课打下坚实的基础。

4.5 创作训练课程（课程后期阶段）

课程最后阶段将引入创作课程。创作课程并不是随心所欲的感性创作，而是有严谨规则控制的理性创作。我们在前期课程中已经解决了物体基本构成要素的问题，那么运用这些构成要素在一定规则的指导下重构成新的形态，这便是激发学生创造力的训练。

这个阶段的创作将在构成课程基础上展开。构成课程是设计类专业重要的基础课程，"构成"一般的理解是"形成"和"造成"，是艺术形象的结构及其配置方法，在设计造型中则是将设计要素构成有用且美观的形态。构成的基本表达形式是现代设计中的"规则"，教师将构成的基本表达形式展示给学生，让学生根据现实中的静物组合，提取出基本形态要素，再将基本形态要素运用构成的表达形式重构成一个新形态。这是视觉设计基础课程最终与设计课程接轨的阶段，学生将在这个阶段正式开启对现代设计的认知。

笔者在这个阶段课程中尝试过几种主题创作，效果都比较好。例如，随意摆放一组陶罐，学生自主选择角度进行写生。在写生的基础上，提炼出画面中的基本造型元素，将这些基本造型元素在构成表达形式下进行重构，在重构的画面中，既可以感知到原来静物组合的形态特征，又呈现出与原来形态截然不同的视觉体验。学生还可以有意识地进行组合、重构，例如教师可以设定主题——悲伤、快乐、忧郁、愤怒等，要求学生在重构新形态的过程中加入这些抽象感知表达。

4.6　色彩认知与配色训练课程（课程后期阶段）

在前期形态认知和造型训练基础上，进行色彩认知与配色训练。这部分内容主要由教师讲解色彩基础理论，让学生识记相应的理论与专业术语。本阶段重点为配色训练课程，配色方案对设计的最终效果有重要影响。配色设计有特定的技巧，教师通过建筑案例分析让学生识记配色规则。这部分训练可以与创作训练课程结合，教师在布置创作作业时，让学生通过形态与色彩组合共同作用去表现主题。例如，在表现愤怒主题的时候，不仅形态上可以使用锐利的形状组合，色彩搭配上也可以选择饱和度高的色彩，如黄色、橙色都可以很好地表达愤怒这个主题。

5　总结

以上所述教学目标和教学方案重点，是笔者在视觉设计基础课程更新探索中总结出的重点内容，通过这几年在实践中的反复修改与摸索，目前这种教学目标及教案设置基本可以达到预期效果，一定程度上实现基础课程与后期设计课程的对接。

然而，在实际教学中，仍然有许多问题需要解决，并不是单纯地靠调整教学目标和教学方案就可以实现的。这几年的教学工作中，笔者每年都在前一年基础上对教学目标和教学方案进行改进。笔者认为，随着社会对设计需求的不断变化，相应地设计教学也应该是一个变化的过程，所以教师应该不断充实自我、与时俱进，持续改进设计教育模式以顺应时代的变化，这样才能培养出适应社会的设计人才。

参 考 文 献

陈新生，班琼，李洋. 2007. 建筑表现[M]. 北京：中国建筑工业出版社.

高海军. 2010. 平面构成[M]. 北京：中国青年出版社.

罗克中. 2010. 钢笔画写生技法与表现[M]. 沈阳：辽宁美术出版社.

欧阳桦. 2010. 重庆近代城市建筑[M]. 重庆：重庆大学出版社.

潘德彬，李胜利. 2008. 几何形体——美院加油站·基础篇[M]. 武汉：湖北美术出版社.

人人美术培训学校. 2009. 最初指导 基础素描白皮书[M]. 福州：福建美术出版社.

周至禹. 2015. 设计基础教学[M]. 2 版. 北京：北京大学出版社.

周至禹. 2016a. 思维与设计[M]. 2 版. 北京：北京大学出版社.

周至禹. 2016b. 设计色彩[M]. 2 版. 北京：高等教育出版社.

ArtTone 视觉研究中心. 2012. 配色设计从入门到精通[M]. 北京：中国青年出版社.

当代艺术语境下对建筑摄影教学的探索

——以建筑专业建筑摄影教学为例

曾俊华　　周　莉　　王海东

摘　要：当今社会发展迅速，特别是建筑设计与建筑业发展迅猛，但我国当前建筑学专业摄影教育的反应却显得有些迟缓。摄影课程对高校建筑专业课程设置来说是一门新兴课程，很多学生对于摄影专业技术了解不深，关于摄影的要求及其所需的摄影器材、感光材料、拍摄门类、基本技能，特别是拍摄实践中的取景构图、摄影观念表达等没有形成具体的方法，都需要进一步的学习和实践。另外，"很多学校教学理念、课程设置和教学方法还停留在较落后的水平"（刘晓峰等，2009）。在教学实践中，笔者结合自己日常教学的体会对建筑摄影教学提出了自己的观点和方法。本文从建筑摄影与建筑的关系入手，系统、综合地阐述了建筑摄影的观念表达、意义、特点以及构图，具有较强的知识性、实用性、操作性。

关键词：当代语境；建筑学；摄影观念；摄影构图

基金项目：西南民族大学 2015 年教学改革项目"论在当代艺术语境中对建筑摄影教学的研究"（项目编号 2015ZC02）

建筑摄影是摄影世界中最悠久的门类之一。人类第一张彩色照《安古伦风景》就是建筑照。建筑摄影通过摄影手段来展示建筑的功用、功能、品质、格调……以表现建筑物与人及环境的关系，达到记录、交流、宣传、推销的作用，促进建筑技术、建筑行业、建筑文化的发展（张朝明，1997）。如今，随着建筑业的发展，建筑摄影更是蓬勃发展，使用的领域也更加广泛，满足的不再是建筑摄影照片本身美的需求，而是更深层次的建筑艺术表现与审美表达的需求。高校建筑摄影教学主要是让学生了解建筑摄影，掌握建筑摄影的基本知识、基本技能，是建筑师及热爱建筑的人们学习、传播建筑文化和建筑艺术的必备手段，是建筑学专业学生的必修课，其目的是培养建筑学专业学生对建筑审美的把握。通过对建筑的拍摄，对建筑的外观造型、外部构造、装饰特征、内部构造与功能特征进行全面的了解与表达，建筑摄影是一场呈现建筑本身美的视觉盛宴。现在建筑学专业学生的美术基础薄弱，审美能力相对较差，面对如今飞速发展的现代艺术审美语境与摄影艺术，我们有必要结合当代艺术语境对建筑专业建筑摄影教学进行深入的研究。

什么是当代艺术语境呢？笔者的理解是当代艺术存在的各种语言环境，在这种环境中，各种艺术流派融会贯通、相辅相成、互相依存，即为艺术语境。现今，建筑摄影艺术处在这样一个艺术环境中，它早已不是一门独立存在的艺术门类，其意识形态和视觉呈现更趋向多元化发展。但作为本科建筑摄影教学，我们应适当处理好当前艺术发展的态势与教学观念相对落后的现状，通过一系列的教学实践和方法论来探索建筑专业建筑摄影教学新的思路。

艺术观念是指艺术家的观点、想法、思维、灵性与感悟，是他们对事物进行决策、计划、实践、总结的思想活动，并借此不断提高创作实践能力与创新能力（周莉等，2017）。在建筑摄影创作中，观念形态之于建筑摄影，意味着当灵感与创作邂逅时，用什么样的思想指导人的创作，将使建筑摄影呈现什么样的面貌。在建筑摄影教学中培养学生观念革新、创新与个性化特征表达，才能正确指导学生对建筑摄影的自主学习与创新实践，从而形成学生建筑摄影艺术个人审美观。

1　改变原有观念，提升学习兴趣，建立自主学习观

在建筑摄影教学过程中，对于建筑专业学生来说，他们认为建筑摄影课只是一门辅助课，而不是真正意义的建筑设计专业课，所以在学习过程中仅为了获得学分而已。面对学生的学习状态，一些教师也就笼统地简述一遍摄影原理与技巧，不做深度教学探讨，从而导致学生基础不牢固（贾方，2010）。长期以来，这种教育观与教育模式一直笼罩着整个高校建筑专业建筑摄影教学。再加上我国建筑摄影教育起步相对较晚，专职投身于建筑摄影教学的教师更是寥寥无几。师资队伍的紧缺，使得这门课程的教学质量更是雪上加霜。

在现有条件下如何上好这门课呢？笔者通过自身的教学实践总结如下。

首先，在教师的教学下，应让学生改变原有的学习状态，提升学习兴趣；而"学习兴趣是一个人倾向于认识、研究获得某种知识的心理特征，是可以推动人们求知的一种内在力量，学生对建筑摄影学科有兴趣，就会持续地、专心致志地钻研它，从而提高学习效果，建立自主学习观"（肖丽娟，2009）。教师可以通过激发学生好奇心、营造愉悦的课堂学习氛围、亲近建筑本身的摄影实践活动等方法培养学生学习建筑摄影的兴趣，同时通过提问设疑、改进教法等培养学生自主学习观，促进建筑摄影教学更好地发展。

其次，学生在学习这门课程时应意识到，建筑摄影不仅仅局限于学分和便于

对建筑的记录及拍一张好看的照片这一层面上。如今，我国的建筑业正突飞猛进，好的设计和作品层出不穷，人们对于经典建筑的审美早已不再是记录它那么简单了。学生应明确什么是好的建筑摄影，进一步提高自己对建筑的审美能力，提升对建筑功能与艺术的关注度，从而通过暴露与解构建筑深层次的文化内涵，为自己在建筑设计专业技法、理念、表达等方面的提高打下坚实的基础。一件好的摄影作品，无论是对建筑空间尺度的把握、建筑体感的呈现、比例、透视以及设计理念和建筑情感的表达都是非常完美的。而作为新一代的建筑设计师，我们通过一幅幅优秀的摄影作品去发现和展示建筑之美，不正是为了将来设计出充满艺术之美的现代建筑吗！所以只有从根本上解决对建筑摄影课的学习态度问题，提高学习兴趣，才能提高建筑摄影的表达技巧，才能解决当前建筑摄影教学中普遍存在的摄影作品质量不高的问题。

激发学生学习兴趣，建立自己的摄影个性表达观，转变观念，除旧革新，我们还应从具体的方法来论。当代大学生作为建筑摄影的初学者，他们对摄影艺术的欣赏、审美、观念、想法、眼界都还存在不足，在看到一栋建筑时，对于这么大的体量，如何才能通过手中的镜头完美地呈现。理论联系实践，只有正确的方法、理论、观念才能正确引导学生寻找到建筑摄影表达的语言、符号、形式。学生应进一步开阔视野、丰富拍摄方法与经验，从而找到自己建筑摄影表达的个性化语言。

2　引导学生对大师建筑摄影作品表达语言进行赏析，促进学生建筑摄影观念创新，形成个性化风格的表达

在教学中，引导学生对大师建筑摄影作品进行学习和欣赏，是使学生塑造建筑摄影表达观念与形成个性化创新表达的有效方法和途径之一。在对大师作品的赏析、学习、理解和研究中，学生可以借鉴大师建筑摄影作品中观念表现的基本方法、种类、技法、肌理以及对画面分割、明暗对比和光线的把握等，对大师作品的赏析可以大大丰富学生的建筑摄影观念语言、技法表达的方法和形式，为创造自己独特的建筑摄影视觉表达积淀丰厚的基础。

另外，大师建筑摄影作品赏析可以陶冶学生的审美情操，启迪学生的拍摄智慧，在发展学生敢于创新的心理方面起到了不可或缺的作用。在目前高校建筑摄影课程设计中加入建筑摄影欣赏课可以提高学生的认识、观念、技艺与创造力。

因此，教师在教学中应精心设计课堂教学，充分利用多种教学方式和手段，吸引学生参与欣赏，达到预期的效果，并通过大量大师建筑摄影作品的研究与探索，分析大师建筑摄影作品的风格与艺术观念表达，激励学生去研究、借鉴、延展和创新，从而掌握与自己摄影风格观念表现形式相吻合的观念形态表达。一般而言，大师作品中都蕴含着大师的摄影观、个性情感和灵魂，体现了他们独一无二

的创作观念、想法和意识形态。在作品赏析中，学生一定要认真地分析、深入地理解，与自我表现、观念形态相吻合的还可以通过多次借鉴进行尝试，在不断的尝试过程中创新、积淀，从而形成有自己建筑摄影风格的个性化形态与观念表达。

3 引导学生对当代艺术中新观念、行为创新之于建筑摄影的借鉴与植入，提升学生建筑摄影作品个性化观念的表达

在当代艺术语境中，各艺术门类的表达形式日新月异、丰富多彩，无论是表达观念、构成形态，还是综合材料的运用都发生了翻天覆地的变化，为我们的建筑摄影艺术表达指引了一个全新的方向。在当代艺术表达中只有大量地吸收当代艺术思潮中的创新观念、艺术行为并进行跨界借鉴与植入，才能给学生一个广阔而丰富的观念、思维与行为空间，为建筑摄影表达提供更多的途径与更广的领域。在分析当代优秀建筑设计作品时，我们可以看到好的设计也在与其他艺术流派借鉴融合，在设计观、构成形态、综合材料上都表现得相当突出。比如，山水城市、山水建筑设计观，就以中国传统山水水墨画的表现形式融入当代建筑设计之理念。我国著名科学家钱学森先生曾在给吴良镛的信中写道，"能不能把中国的山水诗词、中国古典园林和中国的山水画融合在一起，创立'山水城市'的概念"。从这里所述概念之宽泛，可以看出钱先生的这个想法在提出时只是想要达到三者相融之美的意境，但笔者个人认为这是非常有前瞻性的设计理念。诚然，我们大众对这种设计观念认同与否，不必介怀，它首先在突破传统建筑设计理念上敢于推陈出新。观念在变，那么行动与行为方式也终将发生变化。突破传统建筑摄影理念，敢于推陈出新、改变观念，融入山水建筑摄影观、装置建筑摄影观等艺术观念，让艺术表现形式的交融、互动、植入、裂变、重构在建筑摄影表达上有所体现，那么建筑摄影观念与行为方式也将发生变化，呈现新的面貌。但对于建筑专业学生来说，审美意识、认知行为能力的提高和艺术创新观念的更新是学习建筑摄影知识之根本，我们不仅只培养他们的建筑造型与表现能力，更重要的是通过当代艺术思潮中新的创意和新的观念全面提高他们的文化素质、审美情趣及摄影设计观，引导学生通过掌握当代艺术思潮及其观念行为的表达，涉足更为广泛的艺术领域，从不同的艺术行为、艺术主题中探索艺术表达的跨界交融与植入，拓展对建筑摄影观念与表达的"新的艺术语言"，以提升建筑摄影表达的"独特个性"。

4 建筑摄影的构成与空间表达方法探索

在拍摄建筑时，建筑的体感、空间、层次、构成与取景是建筑成像的基本元

素，特别是摄影的构成与空间形式表达。我们在教学时，应从以下几方面展开。

首先，利用全景式的构图形式表达。全景式的构图可以让建筑的视角更为广阔，画幅面积更大，承载的内容更为丰富，建筑的主体形象美、环境美都能一一表现，建筑与人及环境的关系还可以在画面上进一步得到延展，不仅有建筑，还应有环境，包括人、物、光等，建筑摄影的画面应该是完整而和谐的。这种拍摄方式可以让建筑照片看起来像电影画面一样，人们的眼睛会不由自主地在画面上游走，体会建筑带来的愉悦和遐想。

其次，强调建筑主次结构在建筑摄影取景、构图中的作用，突出主体结构，主次明确，前后景深适度。在建筑群体中必有一组或一个建筑是其主体或主要建筑，在一个建筑中总有最能代表其特征的最美的那个立面。取景构图的任务就是将它找出来，确定下来，突出它，表现它。另外，具体形式的构图与空间表现方法运用，可以"以九宫格构图、十字形构图、三角形构图、三分法构图、A 字形构图、S 字形构图、V 字形构图、C 形构图、O 形构图、框架式构图、对角线构图、黄金分割、横线构图、竖线构图、曲线构图、不规则线的构图等等形式来表达"（汪万鹏，2011）。这些摄影构图的形式能呈现建筑的主体特征、细节刻画和建筑的变化与动感，让建筑摄影画面内容与形式富有活力，动感效果强，既动且稳。其中三角形构图具有极强的稳定感，具有向上的冲击力和强劲的视觉引导力，可表现高大建筑物的形态，而且形式新颖、主体指向鲜明。而 C 形构图具有曲线变化形式美的特点又能产生变异的视觉焦点，突出建筑主体又能让画面简洁明了。在画面安排建筑主体对象时，放在 C 形的缺口处，形成视觉的焦点，使人的视觉随着弧线推移到主体对象，增强对建筑主体的刻画效果，达到建筑的体感、空间、层次的精彩视觉呈现。框架式构图是透过门和窗或以一定的框架结构形式来观看建筑影像，让建筑的层次与呼应的内容更加丰富，使其产生现实的建筑空间感和透视效果，形成更加强烈的视觉冲击力，更好地展现建筑的主题与魅力。线性构图重点突出建筑的线条，粗线刚强挺拔，细线精致柔和，曲线变化柔美，与变化的光线交相辉映、浓淡相宜、虚实融合，把建筑线的韵味与律动完美结合，不仅可以在构图中分割画面、辟出一定面积，还可以产生建筑的节奏美感。其他构图法的精妙之处这里不再一一表述。还有很多建筑摄影形式美感和构图空间表达方法需要学生在不断的实践过程中去探索发现，找到适合自己的建筑摄影表达形式美感及方法。

5　建筑摄影的基本技法探索

任何一种艺术表达都有一定的技艺和方法，摄影是一门艺术也是一门技术，在艺术表达上也需要技术的支撑。作为建筑摄影，我们要表达什么，应有明确的目标，而建筑摄影的基本技法真实地为我们诠释了这一课题。

首先，以记录形式为主要目的的建筑摄影表达，它真实、形象、具体地表达建筑的造型、空间、构造、色彩、质感等。这些都要求真实、不变形、不走样，建筑画面必须影像清晰、影调丰富、色调饱和、层次鲜明、轮廓突出。建筑是具象的物体，它与其他造型艺术如美术、雕塑有质的区别。它不仅给人们展现一种生活，而且给人们创造一种生活。因此，建筑摄影所提供的画面必须以清晰、饱和、鲜明、突出的形象给人们以真实、可信的感受。真实性是建筑本身性质所决定的。建筑艺术是一种实用的艺术，建筑是一种供人们活动、居住的实实在在的物质产品，因此任何会引起不稳定感的变形、走样都是人们不能接受的。这就要求它消除各种镜头带来的变形、夸张，对于建筑和室内摄影来说，就是要尽可能多地消除镜头带来的各种畸变，如果必要，甚至要果断采用裁切的方式。但对艺术性成分很强的纪念性建筑和公共建筑来说，不排斥采取强调、夸张等手段。记录性建筑摄影的重要作用是帮助建筑传播信息、保存信息。为了更好地履行记录性建筑摄影的职责，学生在学习建筑摄影的过程中应更加亲近建筑本身，以便更好地解读建筑的文化内涵及特征。

其次，以记录为目的的建筑摄影技法主要以"准确"表现建筑本身的形体、空间、体量，甚至建筑内涵为主要追求。而以创新表达为目的的建筑摄影技法就相对灵活许多，它通过摄影师自己的观念及行为方式，凭借自己的主观意识达到一定的建筑摄影表现形式，甚至借助外界的媒介和材料综合地来表达，让整个摄影形式与技术表达丰富多彩。学生在拍摄实践中，运用现代材料、粘贴技术、肌理变化融合自己对建筑的认知，打破建筑摄影原初的记录特征，专注于建筑摄影艺术的艺术表达与视觉审美，通过建筑全新地诠释自己的摄影创新探索。当今艺术语境下媒介和综合材料的运用，早已为我们丰富了艺术的表达形式，"特别是数码时代的出现，打破了胶片摄影时代的技术屏障，给了摄影艺术去掉束缚向更深刻的文化本源探索的空间。这是在融合了建筑文化、建筑现象的背景下，总结出来的超越摄影技术范畴的内容。建筑文化现象的复杂及多变性，给建筑摄影探索更深刻的问题提供了内容，也给建筑摄影多元化表现提供了丰富的线索"（贾方，2010）。面对这样的艺术文化背景，建筑摄影教学探索更为多样的技艺表达是我们必须践行的艺术追求。

目前随着当代艺术语境的介入，摄影技术和摄影观念都在不断发展，建筑专业的建筑摄影教学的方法也应该顺应时代的发展而不断更新。在培养方案和教学计划定位上真正做到与建筑设计专业接轨，从而培养出适应建筑摄影及建筑设计审美与表达、基础扎实、知识面宽、动手能力强、综合素质高的新型应用型人才。教与学是两个不可分割的教学行为。教师作为教的主导者，要尽量以引导为主，指引学生正确的学习思路。学生作为学的主导者，要尽量在教师的指导下进行创新。摄影是一门实践性很强的专业，而建筑摄影更是对摄影技术要求较高的学科，学生在学习中要不断充实自己的专业知识，从建筑中寻找摄影创作点，多了解建筑本身和建筑文化。这样教与学有机地结合起来，学生才能真正学习好建筑摄影这门课程。

参 考 文 献

贾方. 2010. 融合与多元化——我的建筑摄影观[J]. 中国建筑装饰装修, (12): 262-283.
刘晓峰, 李楠. 2009. 建筑学专业摄影课程教学初探[J]. 科教文汇(下旬刊), (18): 85.
汪万鹏. 2011. 浅谈摄影作品的四要素[J]. 景德镇高专学报, 26(3): 90-92.
王琦. 2009. 对摄影构图形式的浅析[J]. 科技创新导报, (6): 216.
肖丽娟. 2009. 初探中专生物理学习兴趣的培养[J]. 华夏女工: 华夏教育, (11): 116.
张朝明. 1997. 谈建筑摄影[J]. 华中建筑, (2): 133-135.
赵欣. 2015. 建筑学意义下的建筑摄影技法研究[D]. 大连: 大连理工大学.
周莉, 曾俊华. 2017. 水彩画的迹象表达[C]//城乡规划学科专业指导委员会. 地域·民族·特色——2017中国高等学校城乡规划教育年会论文集. 北京: 中国建筑工业出版社.

当代装置艺术理念在展陈设计教学中的拓展

付业君

摘　要：艺术与设计在工业革命之前实为一体。工业革命之后，设计逐渐独立，艺术自杜尚始，也从架上走到架下，分化为传统与现代两条路径。艺术作品的形式开始多样化，而白南准等多媒体艺术家作品的产生、声光电技术的应用，使视觉以外的感知参与到艺术体验当中。具有实验性的当代艺术快速发展，高科技媒介终端、技术的互相作用，博物馆、美术馆的蓬勃建立，都对展陈设计提出了新的要求。当代艺术的实验性很好地为展陈设计完成了开拓工作，其中的案例经验，可以直接用于教学。

关键词：当代艺术展示；展陈设计；装置艺术

21世纪以来，当代艺术发展得如火如荼，艺术品商业价值的高额货币化，新的现代媒介终端、多媒体技术的火山式爆发，博物馆、美术馆的蓬勃发展，都对展陈设计提出了新的要求。传统的展陈设计是在一定空间中，营造灯光、色彩、模型环境，对物品进行展示；但在当代艺术案例中，展示的主体未必是物体，传达意念的途径也不光是视觉，声音、嗅觉、触觉都是综合表现的手段。当代艺术实验着新的艺术表现手法，随之而来的是展陈方式的革新，其中的方法可以在教学中启发学生创新式设计，也可以挪用、改良、变换为商业设计。研讨当代艺术式的展陈新方式，让设计类学生从艺术中吸收营养，是拓展展陈教学的有效方式。

1　艺术原理的衍生

艺术家都有其艺术发展的独特脉络，著名艺术家徐冰就将他源于版画"印"的理念，不断移植到巨大的当代艺术作品之中。即使是类似传统架上的平面、雕塑作品的当代艺术装置作品，展示手法也发生了日新月异的改变。徐冰的早期作品《鬼打墙》，是一件用宣纸来拓印长城的艺术作品，作品将长城的城墙与烽火台拓印了下来，再按原样装裱在一起，悬挂在美术馆的四壁和空中，空中垂下的巨大拓印件，慢慢延伸到地面，地面则堆砌大量的黄土。这件作品本质是用版画复制的手段对长城"肌肤"纹理进行拓印,把长城与它相互维系了无数个春秋的沙漠、黄土、古战场分离开,在人为烘托的孤立背景气氛中成为一个"细胞标本",细节的复制转印反而颠覆了长城原本的面貌。画版画出身的徐冰,通过"世界上最大手工版画的室外拓印工作",用如实的复制手段扭曲和摧毁了长城原先的面目,这件作品尺幅极大,给观者带来视觉的强烈震撼,尺寸远远超过传统版画,装框、悬挂在四壁和空中,特别是展场中白纸黑图、黄土成冢的气氛烘托,让人在悲哀的氛围中感受到数千年中国文化的变迁。教学中在夯实传统艺术的基础上,提倡学生衍生、发展艺术思维,是创新的一个方法。

2 现成品的挪用

学生面对材料,往往是将其当作没有意义的材料本身,采用基本材料构建的多,采用现成品材料的少。当代艺术的特点之一是积极利用现成品,利用材料本身的意义建构自己的作品。徐冰的另一件作品《何处惹尘埃》,同样采用废物材料制作而成,却空灵、充满禅意的智慧。最终让徐冰获得麦克阿瑟天才奖的《何处惹尘埃》,是他在纽约经历"9·11"事件后,以从曼哈顿世贸中心废墟附近收集的一些极细微的尘埃为材料,用加水、压模具的方式,以艺术家作品的名义带出美国,再到英国粉碎,还原这些遗物,最后在他的展览空间里以雾状方式,向空中喷撒,地面上有一行预先摆放的用 PVC 材料雕刻的"As there is nothing from the first, Where does the dust itself collect?"和"本来无一物,何处惹尘埃"的中英文字样,经过 24 小时沉降,尘埃落定,取走那些字符后,展厅里只剩下地板上一层薄尘和字模下未被尘埃覆盖的痕迹,这是中国人所熟知的禅宗六祖慧能法师的著名偈语"本来无一物,何处惹尘埃"。且不论艺术家怎样收集灰尘,并将之带出美国的离奇故事带来的奇异感,即使就事论事地感悟这件作品的内涵和材料组合的精妙,也会感叹展示方式的东方式智慧。作者用中国式的方法论,超越文化界限,转化成简单的视觉语言,去表达和解决现实问题。

另一位需要提到的是中国艺术家谷文达的系列装置作品《联合国》。《联合国》系列作品面貌多样,其中艺术家"以独特的方式迎接二十一世纪的第一天:在美国纽约,他将用两千块人发砖砌一堵人类之墙。这些人发砖将用全世界各民族的头发混合后胶凝成型,2000 块砖象征公元 2000 年。这堵人类之墙将表现在新世纪中实现人类大同的美好愿望。墙向来意味着分离和隔绝,但是谷文达的人类之墙却用互相契合的人发之砖,来表现全世界各民族、各种族之间的理解、宽容、和睦、团结"(徐淦,1996)。在此系列另一些作品中,艺术家还用人发黏成巨大的各国国旗的样式,形成体量庞大的纪念碑,悬挂在观者面前,营造类似耶路撒冷"哭墙"的效果,表现人类历史中各人群之间的复杂关系。这种由人的头发组成的巨大物体逼迫面前的展示方式，给观众造成一种卑微感，也体现出人类历史的宏大壮丽。

设计教学中，提倡用哲学眼光看待材料，是加深设计寓意的一个方法。徐冰近年创作的另一个巨型装置作品《凤凰》，亦是例证。作品由 28 米和 27 米长、6 米宽的两只大鸟组成，这两只大鸟全部采用建筑废料及民工生产和生活用具制作而成，悬挂在空中，营造出一个飞翔的意象。这种废物的"凤凰涅槃"，不但有再生的含义，而且也暗示了垃圾和财富的隐喻关系，二者可以互为衬托；如同告诉我们，中国的现在就是那些普普通通的大众一点一点创造的，局部也许是垃圾，涅槃的产物却是辉煌的财富。徐冰本人这样解释："这是一个只有中国这个地方、这个时刻才能出现的作品。做的过程中，我意识到，这件作品方法的核心部分，几乎就是民间艺术的方法。民间的方法实际上是用一种最低廉的材料、身边的材料，做出最具有理想色彩的和对未来生活向往的东西，这就是中国除了文人文化之外的艺术的核心。"（王寅，2010）这件作品巨大的尺寸、特殊的材料寓意导致了一个有趣的现象，即作品内涵随展示现场发生变化，作品与展示场所的文化背景互动。正如徐冰所说："放在世纪坛，那个东西（中国性）就会被放大，你放在美术馆，装置艺术的部分就会被放大，这都是我不喜欢的。放在国外，我相信这两只凤凰会带去非常强悍的中国的信息、中国的态度。"（王寅，2010）这也正是当代艺术与展示关系的一个特点。传统艺术一旦完成，放在哪个场景，差别不大，但当代艺术靠展示背景来解释，或者说展示的空间位置的属性，是艺术作品内涵解读的一个必要因素。

3 当代艺术强调的"震惊感"是展陈夺目的有效方法

当代艺术作品强调理念，也强调作品的"震惊感"，这是富于想象力的年轻学子完成商业展陈的良好手段，学生的青春幽默正是加快商业传播的有力工具。意大利当代艺术家莫瑞吉奥·卡特兰（Maurizio Cattelan）被称为"破坏分子""恶作剧家"。也许正因为没受过专业美术高校训练，他的作品展示方式如作品本身一样，天马行空，出人意料。卡特兰的创作题材广泛，从流行文化、历史到宗教，同时富有现实主义的幽默感和蕴含深远意义的自我思考。

另一件作品 *Him*（2001 年），依然用仿真度极高的蜡像，让只有小孩般身材大小的阿道夫·希特勒以祈祷、悔过的姿势一反常态地跪着。这些装置作品都不再像传统艺术那样庄严地挂在墙上，或置于展示台之上供人欣赏，而是放在人群当中，让观者有新闻现场的目击者视觉，渲染现场感。卡特兰甚至在荷兰鹿特丹的一个博物馆里，把展厅地面打了一个洞，从破损的楼板中探出一个他自己的蜡像，好似一个挖地道进来的"盗贼"，偷偷地看着墙面上挂着的古典绘画，而我们——真正的观者，以看身边同伴的方式体验卡特兰的这种亲临现场的展示方式。

与卡特兰的真人同等比例的作品不同，虽然澳大利亚超现实主义雕塑家让·穆克（Ron Mueck）的作品更加逼真，但他作品的体量，或者远远小于人体，或者远远大于人体。由于穆克早期事业是为电视、影片制作高精度模型，玻璃纤维树脂材料达到的工业化技术标准有惊人的超现实主义表现力，这种材料做成的人体，纤毫毕现，皮肤上的皱纹、疤痕、青春痘和毛发栩栩如生，皮下青筋若隐若现，但同时作品人物的扭曲造型又令人压抑窒息，真实地传达着心理上的震撼力。让·穆克的作品《母亲》，是一个巨大的母亲斜靠在床头的形象，身上盖着被单，相对渺小的观众，仿佛回到幼时，来到床边催母亲起床的情景。这件作品的展示现场将观者引到作品的极近处，让观者近距离感受其极其逼真的细节，也利用体量对比让人产生回到童年、在床边看母亲的错觉。他还制作了一批雕塑体量只有真人四分之一大小的作品，被展示台抬高到观众眼前的位置。这些雕塑被表现成各种议论、害怕、思考、麻木、离异状的人，一根根嫁接到身体上的真实毛发，丙烯颜料展现出来的如皱纹、痣、毛囊、血管的真实细节，吸引观众弯腰仔细端详，感受着人与假人的互动，让观众从上帝视角俯视自己。一方面，穆克作品具有令人惊叹的高超技术；另一方面，他刻意选择的展示环境，强迫观众按他的特定方式观看，最大限度地展示他作品的特点，艺术理念的深刻性正是由他刻意营造的观赏氛围达到的。这些作品的图示不正是儿童用品卖场绝佳的展陈方式吗？

4 重视"场"的营造

教学中，学生关注实物的位置布局，是最直接的展陈设计思维，却往往忽视了"场"的营造，这种"场"的感染力，又是靠商业展品达不到的。"杜撰"的现场，本身即是一种展陈手段，在夏小万的"空间绘画"中得到展现。夏小万的《空间绘画》将平面的国画或粉笔素描，按空间顺序画在透明的有机玻璃板材上（放在最前面的板材画处于最前面的物体），基材的透明将数十层透明板上的画面罗列在一起，让观众产生亦真亦幻的三维特质错觉，意为"空间绘画"。夏小万的作品大致有两个方向：其一为迷幻扭曲的戈雅式神秘主义风格，或互相穿插的人物，或水中沉浮的马匹，或分裂的人脸；其二是将传统的山水画变成一种空间画的形态，比如他著名的《早春图》，改变了中国山水画的观看经验。两种方向都将极富个人绘画特点的静态画面转化为三维画面，并通过层叠透视产生迥异于传统的新观看模式，漆黑的场景、前后刻意投射的射灯都加大了"空间绘画"的空间魔幻感。

无独有偶，徐冰的《背后的故事：富春山居图》采用类似的展观模式，产生了更加有趣的效果。徐冰参照著名元代画家黄公望的《富春山居图》，做了一次"临摹"，临摹用的不是传统笔墨，而是干枯植物、麻丝、纸张、编织袋等现成品，或者说是自然界的废品。这件作品从正面看，是透过半透明玻璃惟妙惟肖的中国山水画；转到作品的背面，让人恍然大悟，中国画的笔法和意境是这些再普通不过的材料所构成的。表演魔术，并拆穿魔术，观众在作品的一正一反两面中被艺术家极具东方意味的中国艺术语言和极为当代的创作手法所震撼，最大化地反映了艺术家对待传统文化的智慧。正如徐冰本人所说，我们可能更多的是继承传统文化的一个外壳、样式。但这个文化中内在的部分、流动的部分被忽视了。观众会被引导着，按艺术家的设计而观看：首先在远处看到作品，以为黄公望作品再现；然后走向正面，体会中国艺术的笔墨与意境；当发现平面作品似乎有空间效果时，走到作品（实际上是个大灯箱）背后，看见构成作品的枯枝败叶。

徐冰用垃圾营造艺术经典的幻想，作品美丽的景象与真实垃圾材料的冲突构建起观者的惊讶。蔡国强用他的特殊艺术方式对作品与现场的矛盾、统一做了很好的诠释。在作品《撞墙》中，99 匹仿真的狼群，从狂奔、跳跃、腾空、撞墙到翻滚倒地，然后爬起，归队，准备进行下一次无畏，同时也是无谓的撞墙，观众从跳起的狼群下走过，抬头观看，场面壮观之极。蔡国强以狼群浩浩荡荡、义无反顾奔向死亡的气势，来述说柏林墙的史实。这件作品的最初展出地点是欧洲，如果是在纽约，会让人想到各国人民愈挫愈强的移民故事吗？由此看出，展示现场、展示方式对开放式的当代艺术作品的诠释有重大影响。作品构成方法的挪用与拓展，能够很轻松地完成博物馆、商场公共空间的展陈设计。

5　展陈设计的仪式感

对于展陈设计教学，还可以从当代艺术中借鉴的就是仪式感的营造。当代艺术的主体特质与传统艺术不同，作品强烈的观念性决定了展示场所语境营造的重要性，场所语境甚至决定着作品观念的走向；展示场所的选择、再造成为这些实验性先锋艺术表达的一部分，这种趋势甚至走出艺术圈，迈入应用艺术——展陈设计的领域，比如博物馆陈列物品的展示。四川大邑的建川博物馆群落就打破经典博物馆展示方式，在建川博物馆群落的红色年代章钟印馆中，"文化大革命"时期的上百个钟被安置在弧形狭窄回廊的一边，密密麻麻，每个钟的鸣叫被调制成各不相同的声音，在这面"钟墙"前，会随时听见此起彼伏的钟表报时声，博物馆创立者也是展示设计者樊建川这样说："钟那样摆放也有寓意，像墓碑一样——哗，上去了，一个时代过去了——我们应该让它永远过去，说是警钟，其实是丧钟。"（樊建川等，2013）特定事件或物体在场景中还原，并在特别营造的语境中重新定义，延续、放大它的意义，这是当代艺术化展陈设计语境营造的现实意义之所在。

6 结语

在学科划分愈发精细的当下，专业化教学的同时，也可能意味着覆盖面狭窄，特别是在不断强调艺术与设计差异性的某些设计学科中，没有"跨界"学习，学生容易面临"看山得山，看树得树"的单一惯性思维模式。展陈设计从当代实验艺术中吸取营养、拓展语法，这是市场的趋势，也是拓宽学生设计思维、启发学生创新设计能力的一种方法。

参 考 文 献

樊建川, 李晋西. 2013. 大馆奴: 樊建川的记忆与梦想[M]. 北京: 生活·读书·新知三联书店.
河清. 2012. 艺术的阴谋[M]. 南京: 江苏人民出版社.
王寅. 2010-4-29. 用我们的垃圾铸成我们新的凤凰——徐冰《凤凰》移居世博园[N]. 南方周末.
徐淦. 1996. 谷文达的《联合国》[J]. 美术观察, (3): 38-41.

下篇　实践能力与综合素质培养

当代大学生人文精神培养的探讨

罗晓芹

摘　要： 教育是一个民族最基本的事业，对民族的发展有着深远的影响。教育的目的就是培养学生成为一个自由、全面发展的人。近年来由于市场经济的负面影响及教育自身的偏差，我国高等教育的教学很多以功利性、实用性为导向，忽视了对大学生人文精神的培养，致使大学生人文精神缺失现象明显，具体表现为理想信念淡化，心理承受能力差，道德观念弱化，审美情趣低俗，精神空虚，等等。大学生人文精神缺失不仅对个体带来危害，还会影响到整个国家精神文化与全民素养的培育。我国有着深厚的文化底蕴，要走文化复兴之路，对大学生人文精神的培养是不可或缺的。对此本文提出了改变教育理念、改善课程设置、提高教师素质、丰富课外活动、内化人文知识等建议，以期达到培养大学生人文精神的目的。

关键词： 人文教育；大学生；人文精神

1　引言

从一定意义上说，教育决定着一个国家和民族的未来，是一个民族最根本的事业，一个国家要实现繁荣富强，离不开教育的坚实后盾；一个民族要实现文化昌盛，离不开教育的良性发展；一个人要实现全面发展，离不开人文精神的培养。教育能增进人的知识和技能，培养人的人文素养，提升社会的文化活力。我国要实现社会主义现代化的宏伟目标，具有决定性意义的一点就是把经济建设转到依靠科技进步和提高劳动者素质的轨道上来，而要做到这一点，教育是基础。教育是民族振兴的基石，要真正把教育摆在优先发展的战略地位，办好人民满意的教育，努力提高全民族的思想道德素质和科学文化水平。教育最首要的功能是促进个体发展，教育最基础的功能是影响经济发展，教育最直接的功能是影响政治发展，教育最深远的功能是影响文化发展。通过教育去培养一个完整的人，不仅要注重科学知识的培养，还要注重健全人格的培养，也就是要培养人文精神。中国经济的飞速发展离不开教育事业的发展，其中大学教育的本质目的在于培养健全、和谐的人，实现人的全面发展。目前中国的高等教育已由过去的精英教育转变为大众化、普及化教育。越来越多的人能够受到教育，越来越多的人获得知识能力提升的机会。然而，随着我国高等教育走向大众化，不少高校追求规模效益而忽视了人性的发展，传授知识却忽视了学生的创新能力，培养大批专才却忽视了通识教育，培养社会精英却忽视了人内在的精神需求。一大批大学生被庸俗的道德观、功利主义和虚无主义所包围，市场经济的负面效应和功利主义价值观的张扬，也加剧了大学人文精神的缺失。在当下中国大学生人文精神缺失的局面下，在大学教育中把人文教育放在首位的呼声也越来越强烈。

习近平总书记在《习近平谈治国理政》一书中提出："精神的力量是无穷的，道德的力量也是无穷的。"原华中理工大学校长杨叔子院士曾说："现在大学应当高度重视的第一件事就是对学生的人文教育。"美国哈佛大学原校长尼乐·陆庭在访问中国的一次演讲中也指出"大学要重视对'人文学问'的传授"。可以看出，培养大学生人文精神是很重要的。大学必须加强对大学生的人文教育，并将大学生人文精神的培养提到一个新的高度，这既是社会发展的需要，也是人自身发展的需要。在和谐理念的倡导下，现代大学教育的发展应该呈现出科学教育与人文教育相结合，专业教育与通识教育相结合，成才教育与幸福教育相结合，职业教育与终身教育相结合的新特点。我们应该从现代高等教育的发展趋势出发，重塑大学的人文精神。

2 理论综述

"人文精神"一词起源于西方，起初译为"人文主义""人本主义""人道主义"。狭义的人文精神是指欧洲文艺复兴时期产生的一种新思潮，人文主义是核心，主张以人为中心，而不是以神为中心；提倡发扬自身个性，追求自由平等和现世生活中的幸福。广义上则是指一种文化传统，是从古希腊哲学系统中培育出的一种精神，其内涵主要包括人性、理性和超越性。人性强调的是对人的存在价值的尊重与关怀，理性强调的是人类要进行科学思考，在思考中探寻人生真理。超越性在哲学层面上指的是生命不息，不断地拷问生命的意义。

对于人文精神内涵的理解，中国很多学者有不同的看法。一部分学者是从西方思想中的"人文主义"来界定"人文精神"的内涵。其中，王蒙认为，"人文精神"是一个外来语，在欧洲文艺复兴时期是指以人道主义为基础的自由、民主的思想，简单来说人文精神就是一种对人的关注。袁伟时把"人文精神"概括为五个方面：重视人生的价值追求；否定神的存在，提升人的价值；追求人自身的完善和理想的实现；反对宗法关系等束缚人的意识形态；保持理性。张立文认为，所谓人文精神，是指对人的生命存在和人的尊严、价值、意义的理解和把握，以及对价值理想或终极理想的执着追求。人文精神既是一种形而上的追求，也是形而下的思考。他认为人文精神在中国就是指中国文化的精神。欧阳康是从人类大智慧的角度理解人文精神的，他认为，人文精神不是单纯的非理性精神、伦理精神、文人精神，人文精神就是人之为人的一种理性意识、情感体验、生命追求、理论阐释、评价体系、价值观念和实践规范的统一，是人类以文明之道大化于天下的生命大智慧。时伟和薛天祥则认为人文精神体现了人性的本质。人性是人的社会性，而不是人的生物性，是人之所以为人的本质所在。人文精神是人的社会性的升华，体现了人类对于美满现实生活的追求，以及对美好未来的设想与憧憬，是人性发展的最高境界，是人类对真善美的永恒追求。

从某种意义上说，人之所以是万物之灵，就在于它有自己独特的精神文化。人文，作为一种人类独有的精神现象，是万物的尺度，是人类智慧与精神的载体，是人类特有的而且为人而存在的，是人类有史以来不可分割的一个重要部分。人文在人类的不断繁衍传承中一直占据着优先的地位。可以说，一部浩瀚而无穷尽的人文史，就是一部人类不断地认识自己的心路历程的形象化的历史。根据学者对人文精神内涵的讨论，可以得出所谓人文精神其实主要是指普遍的人类自我关怀与自我追求。人文精神关注的其实是人类存在的价值和精神表现，其基本含义就是：尊重人的价值，尊重精神的价值。人文精神是整个人类文化所体现的最根本的精神，或者说是整个人类文化生活的内在灵魂。它追求真善美等崇高的价值理想，以人自身的全面发展为目的。它是人类对人世的探求、处理人世活动的理想价值追求和行为规范的集中表征，是人类对人世探求活动及其成果在精神上的沉积和升华。

3 当代大学生人文精神缺失的表现及原因分析

3.1 当代大学生人文精神缺失的表现

大学是自由探索和追求真理的知识殿堂，是人生旅程中最为关键的陶冶情操、磨炼意志的精神家园。受市场经济功利主义、实用主义的影响，高等教育的育人功能受到漠视，主张为今后谋生做准备的实用知识和技能教育的功利教育成为主流，人文教育则日渐边缘化并面临着令人担忧的境地。当代大学生人文精神缺失具体表现在以下几个方面。

（1）价值观念畸形混乱，心理承受能力差

目前，相当一部分大学生陷入精神失落和价值困惑的泥沼中难以自拔，他们的内心诉求找不到寄托，逐渐屈从于庸俗价值观，被熙熙攘攘的社会环境所同化，失去求知、求善的精神动力。他们不清楚应该坚持的做人标准、应该坚定的理想信仰是什么，由此导致的是道德意识淡漠，利己思想严重，目光短浅，急功近利，内心缺乏道德良知，个人利益至上，对国家的未来和民族的振兴缺乏应有的责任感和使命感，对社会公共行为准则视而不见。

例如，一些大学生对逃课玩游戏已司空见惯；对考试作弊不仅没有羞耻感，更谈不上受到良心谴责，反而是在被抓到后抱怨运气不好或者怪罪教师管得太严。又如，个别大学生虽然接受了高等教育，但是毕业后并不想脚踏实地地工作，而是不择手段追求"一夜暴富"，把锦衣玉食、豪宅名车作为最高的人生追求目标。大学生理想信念的模糊和淡化也导致了其耐挫折能力低下，在面对就业、情感等方面的挫折时，往往束手无策，或者产生强烈的自卑感、陷入心理困惑的阴影中，甚至出现严重的人格缺陷和心理障碍，失去生存的勇气，产生轻生的念头。近年来，关于大学生轻生的新闻时常见诸网络、媒体。

（2）道德观念弱化

仁爱是中华民族的传统美德。孟子曰："恻隐之心，仁之端也。"意思是说，人对他人、于万物只有怀有恻隐之心，才能修身成仁。孔子亦曰："己欲立而立人，己欲达而达人。"这正是儒家思想的核心理念。然而，当今的一些大学生道德观念弱化，不仅缺乏仁爱之心，甚至感恩之心都极为欠缺。对父母含辛茹苦的养育之恩和他们对自己获得优异学业成绩的期望无动于衷，对父母生存环境的艰苦和供养其上大学的艰难麻木不仁，更不要说感恩父母和关爱父母了。更有甚者，对他人和生命完全失去恻隐之心。

（3）审美情趣低俗

大学校园倡导的是积极、和谐、高雅的审美观，青年大学生追求的也应是健康美、阳光美、精神美。然而，一些大学生美丑、善恶界限模糊，审美情趣低俗，缺乏鉴赏能力。由于网络时代的大迈进和当代娱乐行业的快速崛起，很多大学生沉迷于娱乐视频、暴力游戏和空洞的网络不能自拔，对身心造成很大的伤害。课余花费时间最多的是网络而不是在图书馆，陶醉于虚拟影视而对校园实践活动不屑一顾，热衷于追逐时尚文化而对于我国的优秀传统文化置之不理。这些现象已成为当代很多大学生的生活常态。

（4）人生目标迷茫，精神空虚

墨子曰，"志不强者智不达"，"非志无以成学"。立志勤学本是求知启智的根本途径。我国古代先哲就十分重视立志，把"志"视为人生精神支柱，认为"志不立，天下无可成之事"。正如苏武所言，"古之立大事者，不惟有超世之才，亦必有坚忍不拔之志"。当今大学生，凡有志者，分秒必惜，充分利用大学提供的宝贵的教育资源。然而，一些大学生在大学期间整日无所事事、空虚度日，不仅在学习的各个阶段没有确立具体的目标，甚至玩物丧志，从早到晚睡懒觉、打游戏、看连续剧；一些大学生制定的学习目标只是通过课程考试拿到毕业文凭，或者只是单纯地获取高分、考取各类证书，实现表面上的"自我增值"，而忽视素质和能力的提高，从而最终导致"高分低能"；还有一些大学生精神空虚，受社会上追求物质享受、拜金主义等不良风气的影响，拜金主义、个人主义、享乐主义思想潜滋暗长，将物质利益视为人生最大的追求，从而最终导致个人的人生目标和价值体现误入追求物质利益、物质享受的歧途。

3.2 当代大学生人文精神缺失的原因分析

导致当代大学生人文精神缺失的原因很多，市场经济负面效应的影响、高等教育体制的弊端、人文教育模式不科学等都是造成大学生人文精神缺失的重要原因。

1）市场经济负面效应的影响。市场经济对现代大学产生了双重影响。一方面它给现代大学带来了新的活力，促进了大学中那些与市场经济联系紧密的学科的发展；另一方面又给现代大学教育带来了诸多的负面影响，使大学教育单纯地服务乃至服从于市场经济，按照市场的要求来决定大学的发展和学科的建设。这样一来，与市场经济联系不密切的人文学科难以直接服务于市场经济，加之其固有的人文精神与市场经济带来的拜金主义、唯利是图、人际关系商品化等观念格格不入，并提出尖锐的批判。因此，人文教育往往受到市场经济的排斥，这是导致人们热衷于追求学术功利价值和人文精神缺失的一个重要原因。

2）高等教育体制的弊端。我国现代大学从诞生之日起，其人文教育就受到科学教育的遮蔽而发育不良。20世纪50年代以来，当西方国家开始反思人文精神缺失而带来的种种弊端时，我国大学却在虔诚地学习苏联模式，为适应国家的工业化和现代化建设，人为地造成科技与人文的分离，导致科学教育在大学教育中占据统治地位，人文教育越来越边缘化。本科教育过度关注对学生应用性知识的传授和操作技能的训练，而弱化对学生在人格魅力、人文素养、审美情趣、评判性思维、科学精神、创新意识等方面的培养。

3）人文教育模式不科学。近几年来，我国高等教育界已经意识到人文精神培养的重要性，越来越重视大学生人文精神的培养，往往把思想政治教育与大学生的人文精神培养相结合。高校普遍开设了思想政治教育方面的"两课"（马克思主义理论课和思想政治教育课）和人文社会科学教育方面的课程。但是，进行人文教育不是最终的目的，教授给学生大量人文知识的目的是培养学生的人文精神，这才是我们进行人文教育的初衷。但是当前教育过程中却存在这样一个误区，即想当然地认为只要教给学生人文知识，人文精神自然就能形成了。人文精神是由人文知识化育而成的、内在于主体的精神成果，它蕴含在人的内心世界并见于人的行为实践。人文精神的获得实际上是人文知识转化、内育的最终结果，也就是说，人文精神是不等同于人文知识的，知识的传输只是外在规范的灌输，有了人文知识并不等于有了人文素质。

4　当代大学生人文精神缺失带来的后果

大学生人文精神的缺失不仅仅影响自身的行为与发展，其最大的问题在于对教育工作乃至社会整体领域的前行造成阻碍。以宏观视野的角度分析大学生人文精神缺失导致的后果，主要体现在精神指导的力度缺乏和环境影响下人文教导的阻隔。大学生人文精神的缺失不是一蹴而就的，而是在长时间缺乏重视与不良风气的影响下形成的，那么由此人文教育的缺失会引发教育环境乃至社会环境的改变。

首先，人文精神的缺失将阻碍素质教育的前进，造成教学形式化现象。这几年我国一直强调素质教育的重要性，其目的在于加强学生能动性和实现道德情操的高效培养。但是素质教育的发展离不开人文精神的指引，也可以说人文精神是素质教育的灵魂，在不同层次的教学中，强调的是课程的兴趣培养和教学导向的人格塑造,但是如果学生将自己的注意力过度地放在外界的诱惑和学习的竞争上，那将丧失素质教育的真正意义。

其次，当下社会竞争体系的极端化，导致人格培育失衡。中国古代教育非常讲究中庸之道，即"事物两极，物极必反"的原则，人文教育的精髓就在于传统教育的"悟"上，也就是觉悟、觉醒的意思。目前，我们看到的并非人文教育的彻底复苏，而是竞争体系的逐步成熟，甚至对于教学这个环境来说，学生间的竞争达到一种极端化的制约，在人格培育方面丧失了以往的平衡。比如，学生不得不面临的升学压力，而这种对于学业成就的考评如今还是建立在一纸试卷上，因此知识的灌输成为学生之间竞争的根本，学生学习知识的目的失去了素质培育的精神引领，多了一种挑战意识，而这种挑战是为了现实的竞争，为了不被社会淘汰，学生学习的目的已经被金钱观念、现实因素以及个人主义所覆盖。

最后，由于娱乐产业的过度消费，学生对本土文化的认知还处于低水平阶段。若从一个教师的角度来讲，最为深刻的问题便是如今的学生安逸享乐思想太重，由于漫天覆盖的娱乐信息、严重影响学生心理的明星效应，加之学生没有形成看待社会实情的成熟心理，过度地崇尚外来文化而形成对本土文化的低认知，这样也造成了传统文化的不被重视。这样最大的后果便在于学生沉迷于物质享受下的安逸状态，而逐渐淡忘我国几千年的璀璨文化。从艺术的角度来看，高雅的艺术可以推动人文精神的发展，但是艺术的另一膨胀路径——高度娱乐和萎靡的享乐状态会让学生忽略本土文化，盲目地追求享乐，导致拜金主义与现实主义的膨胀心理。因此，可以说大学生人文精神的缺失，不仅仅带来个体危害，还会影响到整个国家精神文化与整体素养的落后。所以，我们必须重拾人文精神。

5 当代大学生人文精神培养的必要性

从当前中国教育中大学生人文精神的缺失现象和后果可得出我们必须重视人文精神的培养问题，那么为什么对大学生进行人文教育受到人们如此高度的重视呢？这是有着深刻的历史根源和现实根据的。

中华民族要实现伟大复兴，加强文化的培养是基础，培养学生的人文精神是很有必要的。中华文化博大精深，是在连绵不断的民族融合中不断充实而发展起来的，习近平总书记在纪念孔子诞辰 2565 周年国际学术研讨会上指出："中国人民的理想和奋斗，中国人民的价值观和精神世界，是始终深深植根于中国优秀传统文化沃土之中的，同时又是随着历史和时代前进而不断与日俱新、与时俱进的。"习近平总书记在德国科尔伯基金会的演讲中指出："一个民族最深沉的精神追求，一定要在其薪火相传的民族精神中来进行基因测序。"民族精神反映一个民族的精神状态，包括责任感、凝聚力、自信心等。民族精神还体现在每个国民的素质中，包括个人的修养、行为等，最终体现为人格的力量。中华民族精神深刻体现了中华文化的人文精神，而弘扬中华文化的人文精神就要从培养学生的人文精神做起，这是中华民族实现伟大复兴的文化基础。

中国古代教育是彻头彻尾的人文教育。上迄孔孟老庄，下至宋明理学，莫不如此，而且始终把培养人的德行、树立人的道德风范放在首位，这是教育的核心，把做人作为教育的唯一目的。《大学》指出："自天子以至于庶人，壹是皆以修身为本。"把人文道德教育提高到至高无上的地位，但忽视了对客观世界的认识和改造。在中国近代，当时的许多爱国有识之士，从西方的"坚船利炮"中看到了其科学技术的先进。著名的思想家魏源和洪仁玕，先后提出了"师夷长技以制夷"和学习西方自然科学知识的主张，但保守势力顽固的抵制阻碍着科学教育的发展。他们严守所谓的"祖宗成法"不能改变，认为科学教育"乃工匠之事，儒者不屑为之"。直到帝国主义打开了中国的大门，通过有识之士的提倡和洋务派的鼓动，才初步认识到自然科学教育的重要性，但在观念上仍然是"中学为体，西学为用"，把科学教育放到次要位置。第二次世界大战以后，不仅仅是中国，全世界范围内都认识到了科学教育的重要性，所以把过去综合性的整体教育，变成了分学科教育。但问题是，我国的发展落后于发达国家，在实现现代化的口号声中，加大科学教育的比重，却把对人文精神的培养放到可有可无的位置，使教育又偏离了正确的轨道。20 世纪 90 年代，整个高等教育过分强调专业知识的传授，忽视人文精神的培养，使学生的视野受到限制，一部分理科生缺乏必要的社会科学知识，一部分文科生不了解自然科学日新月异的新成果，从而导致片面发展。

我们的教育理念一开始是重人文、轻科学的,现在却反了过来。因此,当下必须在不放松科学知识学习的前提下重新重视人的修为。人的修为是人类文化的源泉,人类文化反过来又为人的修为提供背景和氛围。儒家把格物、致知、修身、齐家、治国、平天下放在一起来讨论,认为它们是一个相互联系的整体。孔子从人最基本和生生不息的普遍经验中得出真知灼见,包括孝悌、敬人、交友、知耻、诲人、乐群等。这些真知灼见的持久价值在于其直观的、令人心悦诚服的力量,在于能够适应后来的时代。今天,我们依然可以从中学习如何处理人际关系、增进个人修为。同时,人文教育能给我们辨别是非的能力和评价真伪善恶的标准。

如果大学一味重视职业教育而忽视和轻视人文教育,就必然导致整个民族精神水平的下降,必然导致整个社会的庸俗化。结合当代中国教育的现状与上文所述的中国教育理念的更迭,可得出大学生人文精神培养的重要原因。第一,大学人文精神的培养是大学发展、社会进步的必然要求,也是大学文化整合和创新的灵魂。特别是现代大学,发挥着人才培养、科学研究、社会服务的重要职能,但任何一种职能都离不开人文精神的引领。第二,大学人文精神的培养是坚持大学理念和大学生全面发展的内在要求。大学的天职在于培养人,而人的发展不仅包括物质需要的满足,还包括精神需要的满足、精神素质的提高。构建人文精神是大学教育发展的自觉追求,也是高等教育国际化的发展趋势。第三,人文精神能够塑造大学社会示范性品质,起到对整个社会的辐射和深远影响的作用。同时,大学人文精神是大学得以互相区别的标志,而这种精神又往往通过各具特色的、具有深厚办学理念和价值追求的校训,彰显出与众不同的人文精神和历史传统。所以,大学人文精神作为一种灵魂体现在大学教育中,促进了大学的文化繁荣和学术自由,培养了大学的批判精神和创新精神,既有助于形成人的内在修养和外在行为规范的知行合一,又有助于人的全面而自由的发展,促进思想道德素质、科学文化素质和健康身心素质的和谐统一,更有助于大学生形成正确的世界观、人生观、价值观,使其成为真善美的统一体。所以培养大学生人文精神是非常有必要的。

6　当代大学生人文精神培养的途径及建议

6.1　改变教育理念

大学教育要确立"以学生为本"的教育理念,针对每类学生采取有针对性的学习方法。我国目前对大学生进行普遍的人文科学的教育,实际是一个不严谨的提法,因为对文科生来讲,他们所学的本来就是人文科学,对他们来讲,主要是人文精神的培养,即把学到的人文知识内化为人文精神,并且多了解一些自然科学的基本常识，多参与科学报告或者参观展览等活动，了解科技的进步。对理科生就应当讲授一定的人文科学或社会科学知识，使他们的专业知识建立在人文科学的基础上，尤其是中国的传统文化。因为在世界范围内，唯独中国的传统文化没有中断过，从古至今它都是一个不断批判继承和不断完善的过程。学习我国优秀的人文知识是增强民族自信心和进行爱国主义教育的基础。

6.2　改善课程设置

现代人不仅需要广博高深的知识、掌握科技的知识、运用科技的能力以及管理决策的智慧，还需要有人之为人的人文素养和人文精神。科学教育与人文教育相结合是现代高等教育教学的重要发展趋势。高校不应该把思想政治课作为唯一的人文精神培养的途径，学生对这类课程通常抱有应付交差的心理，这样开设这些课程的意义就不存在了。因此，我国高校必须改革现有的课程设置以顺应这种发展趋势。改革思想政治类课程的考试机制，不应该一味地让学生死记硬背，而应该用灵活的方法把课本知识结合实际传授给学生，为了丰富课堂内容和增强课程的趣味性，可以让学生结合书本知识进行小型表演，或者小型演讲，设定奖励机制，激发学生的主动性。最好把课程目标分阶段完成，不要放在期末一次性完成。另外，我国高校很多专业只在大一阶段开设语文课程，往往在后期就不再开设了，外语课开设的时间反而比语文课开设的时间还长。中国文化博大精深、底蕴深厚，应当把语文知识和国学结合起来持续纳入课程学习进程，取消这类课程的期末考试，把考查重点放在学习的过程上，引导学生多读经典、理解经典，让学生通过学习中华民族灿烂的文化和人类最宝贵的精神遗产，在潜移默化的熏陶中形成他们的人文素养。这样能将专业教育与人文教育相结合，提高学生的综合素养。为了增加这类课程的学习时间，学校有必要精简一些重复的、无用的课程安排。

6.3　提高教师素质

教师作为学生的表率，在教学过程中起主导作用，自身就要具备带头精神。高素质的教师在教学中不仅能把专业知识传授给学生，而且能以正确的人生观、价值观，以及优良的思想作风、严谨的治学态度、科学的思维方法影响教育学生。教师在向学生传授知识的同时，他们的言行举止所反映出来的思想倾向、理想追求、精神风貌、治学态度和气质修养等也在无形中给学生以深刻的影响。大学生人文精神的重塑离不开教师对学生潜移默化的人文教育，教师具有高人文素质，才能给学生的人文精神培养以令人信服的指导。因此，加强学生人文精神的培养，必须提高教师的整体人文素质，充分发挥教师的人格力量对学生的感染、启迪作用，使教师真正地融传道、授业、解惑于一体，言传身教，为人师表。一个教师的人文素养散发出来的人格魅力，能增加学生对提高自身人文素质的兴趣。同时，学校也要制定相关规定，约束教师的言行举止，给予一定的激励、惩罚。

6.4　丰富课外活动，营造和谐校园文化环境

校园文化环境是大学校园文化的具体体现，是大学校园文化建设的重要组成部分。校园文化环境包括物理环境和心理环境两部分，前者主要指物化环境，后者主要指人文环境。我们要加强人文环境的建设，在社会快速发展的背景下巧用时代元素丰富教学实践活动，可以将社会具备正向向导功能的综艺节目或其他活动应用到教育上。除了在课堂上培养人文精神，在课外也要开展培养人文精神的活动。课外可以请国学名家开展国学讲座，开展人文知识竞答比赛、征文比赛、演讲比赛、艺术展览等相关社团活动。教学不是死板的，也要在与其社会内容贴合的情况下开展人文精神培育工作，因此广纳优秀活动，在学校人文实践中加入学生喜欢的元素，以最新的教学模式带动学生对人文精神追逐的热情，让他们在艺术、文学、音乐上有所造诣，将这种与人文相关的活动加以时代创新元素，把学生在其他方面投入的精力转移到真正需要关注的地方。这种方法是灵活并尊重学生意愿的，如果学校能够开展一次备具吸引力的艺术节或是文化节日，那么一定会让学生更加关注人文精神的培养，这样也能提高课堂教学的效率。结合充满趣味的人文教育、学识渊博的教授自身所具有的人格力量、校园中丰富多彩的社团活动和特色讲座以及学校自身具有的优良文化传统，共同打造和谐的校园文化环境。这些对大学生科学精神和人文精神的培养都有不可忽视的作用。

6.5　内化人文知识，培养人文精神

人文教育的核心是培养人文精神，缺乏人文精神培养的人文教育，充其量只是人文知识的传授，难以起到完善人的作用。有些人认为学生修完人文学科的课程，获得了人文学科的知识，就完成了人文教育的任务，殊不知这是浅显的认识。前面提到的开设人文课程、举办人文讲座、读人文书籍确实可以增加大学生的人文知识，有助于大学生培养人文精神，但是有了人文知识并不等于有了人文精神。学校、教师不仅要使学生明白做人做事的道理，关键是引导学生依照做人做事的道理去身体力行，逐渐把这些道理变成学生自身为人处世的准则、价值观念等，这个过程就是内化。有学者指出，人文科学知识必须内化为人文精神，并外表为行为习惯，才能构成相对稳定的品质结构。有些人虽然修了许多人文学科课程，获得了许多人文知识，但言行不一，品质恶劣，就是由于没有将人文知识内化为人文精神。所以进行素质教育的关键在于内化，即将知识转化为素质。因此，加

强人文教育，培养人文精神，尤其要在促进内化上下功夫。注重大学生的课外或社会实践活动有利于为内化提供机会。

7 结语

人文精神集中反映了特定时代背景下人们的价值观、人生观以及时代精神的全貌。在不同的时代，人文精神的内涵也与时俱进，发生着微妙的变化。现代人文精神注重人的价值和精神，这就决定了它所追求的内容不仅限于外在的物质，更多的是追求内在的精神。在现代社会中，人文精神为人类的全面发展和社会的持续进步提供了强大的精神支柱和力量支持，对人类形成正确的价值观指明了方向。人文精神不仅是精神文明的主要内容，而且影响到物质文明建设。它是构成一个民族、一个地区文化个性的核心内容，是衡量一个民族、一个国家文明程度的重要尺度，在一定程度上代表了国民人文修养的水准。一个国家的国民人文修养的水准在很大程度上取决于国民教育中人文教育的地位和水平，而我国国民教育中人文教育的地位和水平还远远达不到应有的程度。因此，着力培养大学生的人文精神，意义深远。

参 考 文 献

蔡玉霞. 2012. 构建和谐的人文氛围 培养大学生人文精神[J]. 当代教育理论与实践, 4(10): 43-44.

樊瑞君. 2010. 论大学人文精神的重塑[J]. 教育与职业, (14): 176-177.

谷声然. 2010. 人文精神的内涵探析[J]. 西华师范大学学报(哲学社会科学版), (1): 78-82.

黄永忠. 2012. 大学人文精神与德育工作创新[J].内蒙古农业大学学报(社会科学版), 14(3): 113-114, 125.

江来军. 2007. 给予学生永久的精神动力——谈学生人文精神的培养[J]. 班主任, (10): 3-5.

李慧. 2012. 高校人文精神构建问题研究[J]. 吉林农业, (11): 247.

欧阳康. 1999-10-29. 人文精神与科学精神的融通与共建[N]. 光明日报, (6).

时伟, 薛天祥. 2003. 论人文精神与人文教育[J]. 高等教育研究, (5): 20-24.

田淑卿, 张喆. 2013. 论社会主义核心价值体系对大学生人文精神培养的指导作用[J]. 思想理论教育导刊, (9): 130-132.

王蒙. 1996. 人文精神问题偶感[A]//王晓明. 人文精神寻思录. 上海: 文汇出版社.

袁伟时. 1996. 人文精神在中国: 从根救起[A]//王晓明.人文精神寻思录. 上海: 文汇出版社.

张立文. 2006-08-24. 儒学的人文精神[N]. 中国文化报, (6).

张书义. 2008. 论当代大学生科学精神和人文精神的培养[J]. 中国成人教育, (12): 14-16.

张友琴. 2012. 培育大学生人文精神的思考与实践[J]. 高教论坛, (5): 11-14.

校园植物认知教学创新方法研究

曾昭君　陈　娟

摘　要：校园植物认知是风景园林专业培养方案中的必要环节，但仅掌握植物种类识别难以在实际的规划设计中恰当地运用植物。因此，充分利用校园资源进行植物认知创新教学，对提升学生的专业素质有重要意义。本文首先归纳分析比较了国内外植物认知教学内容以及植物景观规划与设计课程经验，归纳出校园植物认知教学的特征，并提出植物认知的创新教学方法，包括校园植物地图绘制、校园植物景观的时空变化调查、校园植物空间的分类及测绘、校园植物空间的人群活动调查等，并在西南民族大学风景园林专业植物认知教学环节进行创新性实践。本文及实践结论以期丰富风景园林学科教学内容。

关键词：校园植物认知；方法创新；风景园林

基金项目：西南民族大学 2017 年教育教学研究与改革项目"校园植物空间导览地图构建——风景园林专业'植物景观规划与设计'课程教学创新与实践"（项目编号 2017ZC22）

1　引言

植物认知是植物景观规划与设计的基础，是风景园林专业本科教学中重要的实践环节之一，开设的主要目的是通过实践培养学生对植物的兴趣和认知，并为高年级植物景观规划与设计课程做准备。然而，目前许多高校对植物认知活动的教学只停留在植物识别层面，学生对植物的理解也仅停留在具象的视觉记忆中，在开设植物景观规划与设计课程后，学生在进行园林植物设计，尤其是植物景观规划层面的图纸表达时，表现出对植物要素无法落实到空间层面的困惑，或期望营造的植物空间不知如何在图面上反映，以及不知如何选择恰当的植物素材，等等。造成前后课程没有效衔接、专业课程教学进度缓慢，最根本原因是植物认知环节建立的植物具象记忆难以通过理论知识转化为适当的空间图形语言。这使得相关的景观规划设计课程的教学效果大大减弱，因此急需对植物认知教学内容及方法进行创新性的探索。校园是许多学校选择的主要认知地点，它有着其他园林类型无法替代的优势，不仅有丰富多变的植物空间，作为学生日常生活学习的场所，还给学生提供了高频率近距离接触植物的机会，在植物认知教学中具有巨大的利用潜力。因此，加强校园植物认知教学的创新方法研究十分必要。本文首先总结了国内外校园植物认知研究进展，归纳出国内外在校园植物认知环节的教学内容和方法，其次结合风景园林专业培养目标，提出校园植物认知的创新性教学方法，并以西南民族大学城市规划与建筑学院风景园林专业为对象进行教学改革实践，研究结论以期完善植物景观规划与设计课程教学方法体系的内容。

2 国内外校园植物认知教学研究

2.1 国内外校园植物认知教学研究进展

目前国内外都已有学者对植物认知进行了相关教学研究，如李冠衡等（2016）研究了植物景观规划与设计课程中室外实践环节的内容设计；Farinha-Marques 等（2016）研究了波尔图大学景观设计专业本科二年级植物设计课程中的植物学习和设计方法；任玉锋等（2012）研究了民族高校以花期为主线的校园植物认知实习新模式；李莉华等（2012）研究了建筑高校背景下的景观植物课程教学方式探索，提出注重空间的培养目标和"生态理念与自然科学"融合的教学模式；尹豪等（2011）研究了"园林植物景观设计"与其他课程的衔接。这些研究对植物认知环节教学内容和方法改进进行了较多探讨，并有一定的创新，但针对校园植物认知的系统性研究较少。

2.2 国内外植物景观规划与设计课程研究

在课程内容设置上，目前国内各高校开设的植物景观规划与设计课程教学均设置了室外实践的环节；在课时设置上，英国谢菲尔德大学高等种植设计课程实践项目与理论课程的学时比例为4.5∶1，北京林业大学的课程设计（含室外实践）与理论讲解的学时比例为1∶1，室外实践分三次穿插在植物景观规划与设计课程中，体现出对实践过程的重视；在实践课的时间安排上，北京林业大学的学时根据植物季节表现力的变化机动地调整，提高外出实践的效率；在研究成果上，全国已有十余个高校编制出版了校园植物景观宣传类图书，包括清华大学、北京大学、武汉大学、西南交通大学、四川大学等高校，校园植物景观图鉴对植物识别以及校园情感的培养有重要意义，但对于风景园林专业的学科特点来说仍缺少空间和尺度层面的介绍。

3 校园植物认知的创新途径研究

高翅（2012）提出，植物无论个体还是群体，均具有生命、美学、空间和文化四种特质，基于四种特质的认知与体悟是较为全面的认识，也更利于基于植物特质因地制宜、构园得体，友好回应自然与文化。在《高等学校风景园林本科指导性专业规范（2013年版）》中，风景园林植物应用属于专业知识体系的核心知识领域之一，其核心知识单元有园林植物资源（园林植物认知、栽培与养护）、植物景观规划与设计（植物多样性规划、植物景观规划、植物景观设计）以及花艺与盆景（花艺、盆景），其中前两项都是需要掌握的内容。因此我们认为，植物认知环节的教学目标是让学生在掌握植物特质的基础上，具有植物景观空间认知能力，能够有效衔接植物景观规划与设计课程的教学内容。在此目标指导下，以校园为认知场所，提出以下创新性的教学内容和方法。

1）课程内容分解。基于以上目标，校园植物认知的内容分为两部分：植物特征认知、植物景观空间感知。植物特征认知环节包含于植物基础课程中，而植物景观空间感知环节包含于植物景观规划与设计课程中。

2）校园植物地图绘制。该内容安排在植物景观空间感知环节，既是进行空间感知前的数据收集过程，又是对学生进行空间和图纸转换练习的第一步。学生不仅熟悉校园植物的名目、特征，还能将其反映到校园的平面图上，对植物进行空间标记，形成校园植物地图。运用AutoCAD软件或手绘进行地图标记的过程中，学生也锻炼了不同植物组合类型，如乔木群植、灌木阵列种植、乔灌搭配种植等在图纸上的表达方式。

3）校园植物景观的时空变化调查。制作好校园植物地图后，植物认知内容将进一步深化。植物景观是有生命的景观，植物在成长的不同阶段、不同季节都会产生不同的景观空间。而校园环境由于突破了时间、距离的限制，学生可以充分利用课外时间观察植物空间，并作出记录，掌握植物景观的时空变化。这相对学生去校外距离较远的植物园、景区考察，具有明显的优势。在教学中，可以让学生重点记录彩叶植物、观果植物、观花植物、落叶植物的时间变化，感受植物造景时空维度变化之美。

4）校园植物空间的分类及测绘。在熟悉了植物特征后，还需要了解不同植物组合如何营造出不同的景观空间类型，这是学生在进行植物景观规划与设计作业中最容易产生的困惑，通过校园植物空间的调查，指导学生根据所学理论知识对校园景观进行分类，如按功能分为道路植物景观、集散广场景观、环湖景观、休憩小广场景观、自由散步道景观等，并观察不同类型空间中植物组合的特征，把握开放空间、半开放空间以及私密空间的植物组合方式，加强学生对植物塑造空间这一基本技能的理解。

5）校园植物空间的人群活动调查。植物营造的不同空间主要是为人提供活动场地，校园中的户外空间主要为学生、教师以及周围居民的活动提供空间，因此认知植物空间最重要的是了解人的行为活动。在学生完成校园植物地图和空间分类后，指导学生对空间中的人群进行分析，包括人群结构、主要活动内容、对空间的喜好等，深入了解植物在人们的空间使用中起到的积极作用和产生的负面影响。这项练习对学生今后在植物景观规划与设计中合理运用植物、营造人性化的活动空间十分有帮助。具体内容见图1。

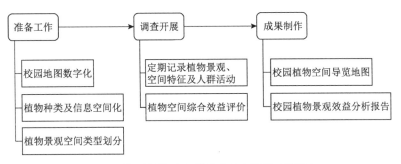

图1　校园植物认知教学方法创新体系框架

4　以西南民族大学植物景观规划与设计课程教学为例

西南民族大学城市规划与建筑学院的植物景观规划与设计课程从开设以来旨在培养学生对植物景观规划的总体空间布局能力和对植物景观设计的尺度控制能力，以及训练学生对植物生态、社会、美学效益的认知。由于植物基础课程安排在三年级秋季学期，植物景观规划与设计课程在三年级春季学期，学生在植物基础课中只完成植物识别的内容，且秋季开花植物较少，学生对植物的季节特征了解不够全面，导致在三年级下学期的植物景观规划与设计课程中难以恰当地运用植物素材进行空间布局和配置，基于此背景，风景园林专业对风景园林植物应用模块的相关课程进行创新性改革试验，对校园植物认知环节的内容进行调整和优化，以期增强学生对知识的理解，提高教学效果。

4.1　教学方法及可行性

教学改革的前期工作主要在三年级春季学期进行，整个实践过程覆盖完整一年。指导学生运用调查法、数字绘图法及数据分析法将校园植物种类和信息空间化，运用实地观察法对植物景观及空间特征进行记录和分析。

可行性主要有以下几方面：①该实践环节开设于植物基础课程之后，且已经开展过校园植物种类认知实习，该课程完成了植物空间规划和设计的理论讲解部分，学生已具备一定的专业知识；②调查以西南民族大学新校区为研究范围，该校区是学生日常生活学习的主要场所，且课题时间为1~2年，具有充足的时间展开工作，以保证数据的完整性；③学生以"植物认知地图制作"为主题申报大学生创新型项目，如申请成功，可与大学生创新创业项目结合，提高学生参与课程实践的积极性。

4.2 教学目标

通过教学改革，提高教学质量，使学生打好专业基本功；通过实践过程，提高学生的学习兴趣，增加对学校的了解；通过成果制作，加强学校校园文化的对外宣传。

4.3 教学内容及课时安排

1）指导学生建立数字化校园植物名目地图（2学时）。
2）指导学生分析校园植物空间的类型及特征（4学时）。
3）定期记录不同空间的植物变化及活动类型（课下完成）。
4）校园植物空间的生态、文化、休闲等综合效益评价（课下完成）。
5）指导学生完成校园植物景观调查报告，生成最终的校园植物景观及文化导览地图。

5 结论

本文归纳了国内外植物认知及植物景观规划与设计课程的教学经验，提出了校园植物认知环节的重要性及创新性教学方法，并以西南民族大学城市规划与建筑学院的校园植物认知实践环节为对象进行了改革实践，实践过程大大提高了学生对植物认知活动的兴趣，增进了学生对植物景观空间营造的理解，研究结论以期完善风景园林专业植物景观规划与设计课程的教学方法体系。

参 考 文 献

高翅. 2012. 植物认知与植景设计[J]. 风景园林, (5): 50-51.

李冠衡, 郝培尧, 尹豪, 等. 2016. "植物景观规划设计"课程室外实践教学环节的设计——以北京林业大学园林学院为例[J]. 中国林业教育, 34(2): 54-57.

李莉华, 刘晖. 2012. "形态认知到生境设计实践"——西建大景观学专业植物基础课程教学研建[C]. 风景园林教育大会论文集.

任玉锋, 贝盏临, 周立彪. 2012. 民族高校以花期为主线的校园植物认知实习新模式的探索[J]. 园艺与种苗, (6): 99-101.

尹豪, 董丽, 郝培尧. 2011. 加强课程间衔接, 注重实践中教学——"园林植物景观设计"课程教学内容与方法探讨[C]. 中国风景园林学会2011年会论文集(下册).

Farinha-Marques P, Fernandes C. 2016. A multi-method approach to teach planting design in a post-bologna era[C]. ECLAS Conference 2016 - Bridging the Gap.

基于建造实践的学生专业能力培养

——以阿坝藏族羌族自治州牦牛暖棚建造项目为例

张天轲

摘　要：理论教育与社会实践相结合是巩固和拓展理论知识的有效手段。西南民族大学校级扶贫项目——阿坝藏族羌族自治州红原县龙日乡装配式钢结构牦牛暖棚建造项目作为学校主导、学院支持、学生参与建造完成的社会实践项目，从设计阶段功能提升，再到施工阶段精细化实施，学生在项目中发现问题、解决问题，综合能力得到了锻炼和提高。

关键词：实践活动；理论知识；管理；学生培养

1　引言

西南民族大学为进一步贯彻落实教育部等六部委《教育脱贫攻坚"十三五"规划》和四川省教育工作委员会有关要求及四川省教育脱贫攻坚工作现场推进会议精神，切实做好西南民族大学 2017 年定点扶贫工作，制定了《2017 年对口帮扶精准扶贫工作实施方案》。暖棚建造项目是本次扶贫工作的内容之一，总建筑面积达 96.85 平方米，为单层装配式钢结构，采用浆砌毛石条形基础，墙体为袋装土墙，屋面采用压型薄壁波浪板与草皮，由采光板调节室内光线。

为顺利完成该项目，学生作为主要参与者，掌握体系庞大的理论知识和查阅广泛的资料，诸如管理学原理、工程测量、工程地质、工程经济学、工程项目管理、合同管理、计算机辅助设计等课程，涉及知识面广且知识点多。在建造过程中，学生还需要面对各种形式的困难，例如与当地藏民交流和协调、严酷的高海拔自然环境以及当地艰苦的生活条件和建材运输困难等。学生通过实践活动，不仅能获得更广阔的理论知识，还能在项目工作中提高自身独立处理问题的能力，使理论与实践更好地结合。

2 项目筹备与设计阶段

2.1 建造组的组建

通过筹备阶段的第一次会议，确定建造组的人员组成和成员权限，明确控制预算，对建造项目提出了全过程精细化管理、保证质量大计、业主最大满意三大要求，在管理思路上尽可能走在建造进度的前面，保证最终成果。

2.2 建造组在设计阶段的工作

（1）与设计公司对接

设计公司详细说明项目建造的主要问题和管理心得，剖析本次装配式钢结构的施工难点。参与学生发现设计图纸存在问题需要修改，因此通过书面、电话交流等形式多次向设计公司提出修改建议，对图纸本身不完善（无设计总说明、无设计人员签字、无门窗大样图等）、不符合法律法规规定、使用功能考虑不周全、材料使用不恰当、整体风貌不协调等问题进行了修改，最终确定图纸的版本为 5.0 版。

（2）管理软件的运用

学生根据自身知识结构借助电脑软件进行事前控制。首先通过已有的设计图纸制作出 SketchUp 模型（图 1），计算出各分部分项工程量，通过 ABC 分类库存控制法将消耗量较大且价值较高的混凝土等材料作为重点控制对象。通过工程量拟定施工顺序和施工方案，再通过施工顺序确定施工总平面图，通过方案中的施工进度计划确定人员与机械的进出场时间，通过重要节点时间绘制出 S 形曲线分析图，作为建造期偏差分析的基础。借助办公软件拟定作业人员的管理协议和业主权利义务须知，制作六位一体的工作流表。

 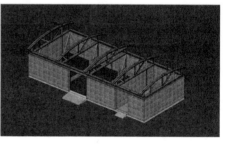

（a）　　　　　　　　　　　　　　　　（b）

图 1　借助 SketchUp 软件制作的三维模型

管理软件的运用使建造期的流程清晰，成本、进度量化，考虑到可能发生的问

题并试图解决，为 PDCA[计划（plan）、执行（do）、检查（check）、处理（act）]
循环管理提供依据。前期的充分准备为中后期的管理带来了便捷，指明了管理方向。

3　施工与成果统计阶段

3.1　建造期管理过程

第 1 天，组员抵达红原县城，开始采购测量放线工具和材料询价，随后组员
乘车抵达青藏高原基地制订采购方案。组员通过在当地建材市场询价发现，当地
物资价格是成都的二至三倍；袋装水泥的质量不能保证，需要在收料时确认出厂
日期和出厂合格证。

第 2 天，现场勘查。村副书记组织
组员和对口扶贫的牧户（简称业主）碰
面，根据业主要求在施工现场确认暖棚
位置。组员为业主介绍项目情况和建造
内容（图 2）。当天勘查现场时发现项目
位置距离龙日乡仍有 7 千米由土石修建的
盘山路，运输条件差。

第 3 天，组员联系当地机械设备和材
料，确认材料输运车辆。当地会说汉语的
人并不多，他们主要集中在县城，这给组
员带来了不少困难，与此同时，组员陆续
产生高原反应。组员请当地懂汉语的人一

图 2　组员为业主介绍项目情况

同前往建材市场，通过质量和价格的比对选定了袋装水泥的供应商。在联系材料
运输车辆的过程中，暖棚的地理位置无法准确定位成为运输结算的风险项。

第 4 天，重新选址。土方开挖机械选择了装载机，到达现场后，第二天确定
的建造位置因下雨浸泡导致地基无法持力，装载机在将上层草皮铲除后，无法在
地面行驶，车辆出现下陷的情况，于是经商议决定更换建造位置（图 3）。组员
采用钎探法确定建造位置，在轴线上选择了 8 个点记录锤击数量和每次锤击下沉
长度，然后综合分析（地基质量、排水、地下水位、朝向、日照、使用习惯、材
料运输等因素）是否属于合格地基（图 4）。组员在锤击时发现，草的根系能非
常有效地使土壤形成一个整体，能良好地受力，于是决定基础施工尽可能不破坏
草皮。新址选定后，组员随即更改了施工总平面图，将原方案的机械挖土方改为
人工挖土方（小型反铲挖掘机配合）。

图3　组员指挥装载机作业　　　　　　　　图4　选择新址

第5天，土方施工。土方施工前，组员在施工点进行测量放线。测量结果是暖棚长边两端的高差较大，挖方远小于填方，为减少土壤暴露的时间和加快进度，组员决定采用机械填土方。开工第5天，红原县局部下雨，土壤在雨后吸水，黏性增大。当地牧户作为项目施工工人不具备专业施工素质，且人数不能满足施工要求，组员加入施工作业，与当地牧户在雨天一起施工（图5）。

第6天，物资供应。土方施工继续进行，组员组织斗车让工人收集基础施工时使用的毛石。项目位置较偏远，道路级别低，雨天难以行驶，这些因素导致不少输运司机不愿意承接物资输运的任务。之后通过青藏高原基地帮助找到了运输司机。组员先后采购了2.5吨水泥和3立方米砂石料，施工期间的费用均登记入账；确定了主体钢结构来料的时间，并帮助业主下货。业主是当地的牧户，对此次的扶贫一直存在疑惑，需要不断地为业主解释，组员多次到牧户的帐篷与他们进行沟通（图6）。

图5　组员与工人（左）一同作业　　　　　图6　组员与业主积极交流

第7天，落实机具辅材。现场无法供电，需要一台发电机，同时模板材料和组装钢结构的工具未落实。组员根据进度情况，提前计算出各辅材的用量，在建材市场采购，并向当地政府寻求帮助，龙日乡政府同意借用发电机一台。

第8天，雨中转运物资。主体钢结构材料抵达现场的当天夜晚，红原县下起大雨，造成路面泥泞湿滑，运输车辆在距离施工现场仅500米的一处需上陡坡的弯道遇到阻碍，司机在尝试两次上坡后打算放弃运送。此时笔者带领工人铺设临时的砂石路面，此时仍在下雨，刚铺设好的道路又被雨水冲散。组员决定改铺碎石子路面，并将石子铺设至弯道终点（图7）。此时司机已经非常烦躁，不断找借口拒绝输运。在临时道路尚未完成时，司机擅自尝试上坡，将临时道路破坏，运输车辆也停在坡道中间不能移动。组员见状后立即指挥车辆安全下坡，并行驶至龙日乡政府篮球场下货。此时，需要立即组织人力和运力对材料进行二次转运，保证施工进度。组员联系周边施工点的人力和当地运输司机，在事发第二日晚，完成了材料的二次转运。

第9天，引进施工班组。组员的高原反应有所缓解，但高负荷的劳动和实时纠偏管理的劳累使人无法持续在高原工作，连续失眠无法得到缓解，项目组决定引进施工班组。

第10~12天，装配钢结构主体和屋面施工（图8）。组员在现场监督施工质量，指导工人施工，提醒工人在高处作业时注意安全，保护施工现场的草原不被污染。

图7 组员带领工人铺设临时道路

图8 主体施工完成

第13~14天，土墙施工，室内地坪和坡道施工，外墙装饰装修施工（图9）。项目在设计阶段没有考虑到藏区风貌特色和当地施工条件限制，组员在现场提出13次设计变更，主要有外墙固定节点大样、风貌方案比选、增设V字环形排水沟、屋面草皮铺设、地面碎石隔水面、室内地面硬化、增修便道等（图10）。

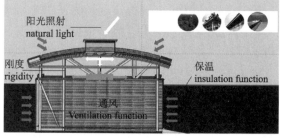

图 9　风貌施工　　　　　　　　　图 10　建筑功能分析

项目实际工期 19 天，其中 5 天受阴雨天气和协调问题的影响而延误。

3.2　项目成果统计

施工阶段结束后，组员利用 5 天时间对项目的总造价、进度、业主满意度、管理效能进行统计，结论是总造价合理，业主满意度高，管理效能高。随后，组员整理了施工阶段的照片和文字，以建筑功能为重点内容，制作了 20 页的阿坝藏族羌族自治州牦牛暖棚建造项目汇报材料 PPT，并在各方交流时汇报。

4　思考与讨论

一个项目的完整运作依靠的是整个理论体系的支撑，以及各环节的理论深入和扩展。通过暖棚项目的实践，不断完善规划、设计、施工等领域的理论知识，是下一步实践的基础。学生通过暖棚建造项目实践活动，体验了多角色的工作。

组员在设计阶段，熟悉软件技能、图纸规范技能等；扮演甲方代表、设计师、施工单位技术人员，处理项目前期的设计图纸定稿、施工方案制定和审查、会议组织、造价控制等工作。组员在施工阶段扮演项目经理、物资管理员、施工员、财务员、造价员、工人等角色，通过三控三管一协调（三控：成本控制、进度控制、质量控制；三管：安全管理、合同管理、信息管理；一协调：参建各方关于现场工作关系的协调），提高在高压环境中独立完成工作的能力。

学生实践不能停留在书面，更需要独自面对各方诉求和寻求自身问题解决的出口。建造实践活动需要与多方沟通，与政府部门、设计方、劳务班组、学校各方、业主以及建造组内部之间的沟通是必不可少的，参与实践项目是增强有效沟通的途径。

<h1 style="text-align:center">参 考 文 献</h1>

纪国和, 刘笑. 2010. 罗杰斯的自我理论对教师自主发展的透视[J]. 新课程研究(下旬刊), (11):

15-17.

木雅・曲吉建才. 2009. 西藏民居[M]. 北京: 中国建筑工业出版社.

田雨. 2014. 生态系统理论视角下全社会教育体系研究[J]. 吉林教育, (20): 7.

郑林科, 陈天华, 罗钢成, 等. 2000. 大学生罗杰斯自我意象心理测评结果[J]. 健康心理学杂志, 8(1): 58-60.

周三多, 陈传明, 鲁明泓. 2011. 管理学——原理与方法[M]. 5 版. 上海: 复旦大学出版社.

Bronfenbrenner U. 1979. The Ecology of Human Development[M]. Cambridge: Harvard University Press.

Bronfenbrenner U. 1989. Ecological systems theory[J]. Annals of Child Development, (6): 185-246.

基于多专业联合的暑期实践课程探索

——少数民族特色村寨联合调研

周　敏　麦贤敏　王长柳　尹　伟

摘　要： 在四川省民族事务委员会的指导与支持下，结合建筑类专业本科课程改革，对城乡规划、建筑学、风景园林三个专业的暑期实践课程进行了教学改革。课程改革的目标是物质空间与社会文化调查并重，专业技能训练与民族责任培养结合。课程改革的重点是多专业联合制定教学内容，分工协作开展系统有序的课程教学，整合教学资源，促进学科融合，完善实践平台，完成教学任务的同时，分片分批建立四川省少数民族特色村寨档案库。

关键词： 多专业联合；特色少数民族村寨；暑期实践

1　缘起：建立少数民族特色村寨档案

为推动少数民族地区文化保护与社会经济发展，建设民居特色突出、产业支撑有力、民族文化浓郁、人居环境优美、民族关系和谐的少数民族特色村寨，自2009年开始，国家民族事务委员会、财政部联合展开了少数民族特色村寨保护与发展试点工作，并于2014年、2016年分两批次组织开展了少数民族特色村寨命名挂牌工作，1057个村寨命名为"中国少数民族特色村寨"，其中，四川省共挂牌少数民族特色村寨55个，其中第一批5个，第二批50个。

西南民族大学作为民族高校的一员，城市规划与建筑学院长期致力于西南地区少数民族村寨的保护与规划设计工作。针对四川省少数民族特色村寨的保护与建设，自2012年起，学院结合建筑类专业暑期实践课程，利用暑假组织教师带领学生深入少数民族地区，完成了对四川省有代表性的四川阿坝藏族羌族自治州马尔康西索民居、黑水县色尔古藏寨民居、康定市木堆藏寨民居、理县木卡羌寨民居、道孚县城民居等多个少数民族特色村寨的测绘，形成了系列成果。2017 年，在四川省民族事务委员会的指导与支持下，结合建筑类专业本科课程改革，拟对暑期实践课程从组织方式到教学内容再到成果要求进行全面改革，逐步建立起系统、专业、翔实的四川省少数民族特色村寨档案，增强学生专业知识技能与文化责任感的同时，传承和弘扬优秀民族文化，培育和传播中华民族共同体意识。

2 课程目标：物质空间与社会文化调查并重，专业技能训练与民族责任培养结合

暑期实践课程体系属于城乡规划、建筑学、风景园林三个专业在第六学期暑期开设的实践必修课"专业课程实习（测绘实习）"，本次教学改革将课程名称由原来的"民族村寨及民居测绘调研"调整为"少数民族特色村寨联合调研"，是建立在"中外民居""测量与地图学"及相关专业理论课基础上的一个重要实践环节。课程教学的目标，一是强化城乡规划、建筑学、风景园林相关专业知识和基本技能实践训练，二是培养学生对优秀传统少数民族聚落空间和社会文化的理性认知及感性认识。通过实地调查及实物测绘，观察民族村寨及民居聚落的布局特点、建筑及景观特征，深入分析少数民族聚落的形态与构成，研究各民族居住建筑的结构、构造及细部特点。通过入户问卷、访谈等社会调查方式，发挥学生来自民族地区、能更深刻地了解与体会的优势，引导学生发掘民族村寨存在的社会问题和文化特色。将专业技术知识与民族地区经济发展、社会进步、法律法规、社会管理、公众参与等多方面知识结合，客观描述、深入剖析村寨风貌保护、传统生活习俗保存、汉化影响、居民收入、居住环境改善、旅游开发、非物质文化遗产传承、当地村民就业等直接影响民族村寨生存、发展的实际问题。学生通过调研掌握现场测绘与调查研究的方法，掌握研究各民族传统民居建筑的地域性、时代性与民族性，以及保护与传承少数民族传统村寨及建筑文化的方法与途经，并能对调研结果进行整理、分析、汇编，建立四川地区特色民族村寨档案。

3 课程架构：多专业联合，分工协作，分片分批

课程改革重点强调多专业联合、分工协作，整合教学资源，完善实践平台，完成教学任务的同时分片分批地完成四川省少数民族特色村寨档案的建立工作。

3.1 多专业联合制定教学内容

课程内容设置上，将以往城乡规划、建筑学、风景园林分专业各自开设的暑

期实践课程整合起来，每年暑期针对同一批特色村寨联合制定教学内容及调研方案。教学内容主要分为城乡规划调查、建筑调查、景观调查、社会调查及非物质文化遗产调查五大版块，前三大版块由城乡规划专业、建筑学专业、风景园林专业师生分别完成，后两大板块由三个专业师生共同完成（图1）。

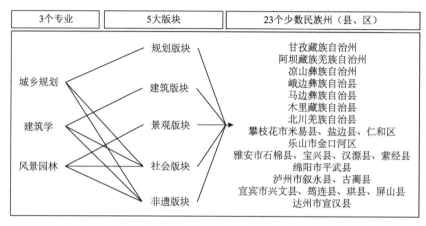

图1　课程架构

规划版块要求学生通过村寨现场踏勘，掌握村寨内部格局和肌理以及重要节点的布局，记录各历史环境要素的位置、规模、年代、数量、等级、现存状况、文化内涵等。主要调研内容包括：村寨传统建成区的范围、轮廓；主要街巷河道分布、形态以及沿途主要空间和景观节点；公共空间的功能、位置、形态、规模；村寨主要天际线现状；构成村寨风貌特征的古道、桥涵、古树、寨墙、水车、石碑、庭院、古树名木等，以及传统产业遗存、历史上建造的用于生产生活和防御的特殊设施或者其他有意义的历史印记等。

建筑版块要求学生主要调查村寨内所有建筑单体，以地形图为基础，绘制建筑分类图，并对重要的传统建筑或具有典型意义的建筑进行测绘，以表格、文字、照片、图纸等必要的形式记录其位置、面积、建成年代、基本形制、建造工艺、结构形式、主要材料、历史功能、产权归属、使用状况、保存状况等信息。主要测绘对象包括各级文物保护单位、历史建筑、传统风貌建筑、建筑物遗迹及遗址等。

景观版块要求学生通过文献研究、村民访谈以及较大范围的现场踏查，掌握村寨选址、主要自然景观环境等相关要素的大致分布。主要调研内容包括与村寨选址有关的山形水系、地形地貌，以及构成村寨传统风貌特征的周边主要自然植被、农业景观的种类与分布等。

除完成本专业调查内容外，各专业组还应重点对村寨社会环境及非物质文化遗产进行调查记录，即社会版块和非遗版块，包括村寨人口、经济状况等相关数据和资料，村寨土地使用现状，基础设施、公共服务设施现状及问题，各级非物质文化遗产群众参与情况，有较明显的民族特点的非物质文化及其所依托的场所和建筑、用具实物，节庆或祭奠等活动的场所和路线，匠人、手工艺者等。要求社会调查数据和资料应翔实且是近期数据，非物质文化遗产相关资料尽可能以录音或视频方式记录，以文字或图片的形式描述主要的活动程序、场所、路线等。

3.2　分工协作开展系统有序的课程教学

整个课程组织由前期准备、现场调查、成果汇编三个阶段构成。每年 4~6 月开始课程前期准备工作，包括制订调研计划、成果要求，动员组织学生报名分组等；7 月暑期开展为期一周的现场调查，包括实地测绘、影像记录和问卷访谈；暑期剩余时间进行调研成果的分析讨论、整理及汇编。各专业教师分工协作共同开展课程组织及教学活动。

采取分组不分班的方式，将城乡规划、建筑学、风景园林三个专业学生打散编排，每年按照拟调研的村寨数目分大组，每个大组由 10 名左右学生及 1 名专业教师组成，大组内分为规划、建筑、景观三个小组，各小组分别围绕村寨在规划、建筑和景观方面的特征展开细致深入的调查分析，大组分工展开社会环境及非物质文化遗产的调查内容，并在调研期间定期组织集体讨论交流，分工协作、系统有序地完成该民族村寨的调研及成果汇编。

3.3　分片分批建立四川民族村寨档案库

本次课程改革的目标之一，是逐步建立起系统、专业、翔实的四川省少数民族特色村寨档案库。截至 2016 年底，四川省共有 3 个少数民族自治州、4 个少数民族自治县，以及 16 个少数民族地区待遇县。本课程计划以州县为单位分片区、分年度展开少数民族特色村寨的调研工作，联合各州县地方政府，取得协助和支持，利用 10 年左右时间建立起较为完整的四川地区各州县少数民族特色村寨典型案例档案库。2017 年首期选择了泸州市叙永县、古蔺县的 6 个彝族、苗族特色村寨；2018 年在甘孜藏族自治州 14 个少数民族特色村寨中，每县选取 1 个，共 9 个村寨进行调研；后续将陆续针对阿坝州、凉山州及其他少数民族州县展开特色村寨调研。积累一定数量的村寨资料后，还计划建立少数民族特色村寨档案查询系统，对各村寨档案进行数字化管理，便于师生在其他课程或科研工作中，以及相关企事业单位在村寨规划建设时，查询调用特色村寨基础资料。

4 初步成果展示：2017年暑期泸州少数民族特色村寨调研

2017年暑期，在泸州市规划局的大力支持下，2014级师生对泸州市古蔺、叙永两个民族地区待遇县的典型少数民族特色村寨开展了多专业联合调研。泸州市古蔺县和叙永县现有8个民族乡，其中苗族乡6个、彝族乡2个，共有苗族、彝族村寨342个，已挂牌少数民族特色村寨7个。本次调研选取了叙永县分水镇木格倒苗族村、水潦乡海涯彝族村、永潦乡九家沟苗族村、石坝乡堰塘彝族村、白腊乡天堂村以及古蔺县箭竹乡团结村苗寨6个特色村寨进行调查。2014级城乡规划、建筑学、风景园林三个专业共计90名学生参加了本次调研。

泸州是一个多民族散杂居地区，地处四川盆地山区边沿，与云南、贵州交界，少数民族聚居的古蔺县和叙永县乡村地区缺少特色性、支柱性产业支撑，并且没有位于云贵川旅游主线上，因此虽然留存的民族村寨数量众多，但普遍存在传统民居质量差、基础设施缺乏、旅游开发程度低、居民收入低等问题。尤其是本次调研的九家沟、团结村等苗族村寨，因历史原因，其所处位置大多距离乡镇密集地带及主要交通要道较远，村落经济不发达，村舍及环境卫生状况较差，但也正因为对外交流少，汉化程度低，村寨传统格局保存完好，苗族文化习俗和传统工艺等非物质文化遗产留存较多。例如，九家沟苗族村山水格局优美，民风淳朴，古树参天，多数农户保存有上百年的农耕用具，村内对窝（即石质水缸）、磨子等随处可见，石阶路铺就成村落主要道路，村内丧葬嫁娶保留着传统苗族习俗，家家户户豢养画眉鸟体现出特有的生活情致，大多数村民都有一套由手工纺织的苎麻制作的传统苗族服饰，苗族踩山节时盛装跳起芦笙舞。

在为期一周的现场调研中，学生与村民同吃同住，遍村踏勘测绘，入户调查访谈，在完成调研任务书规定的调查报告、图纸、问卷统计资料的同时，也与村寨及村民建立起深厚的情感，在全面了解村民对生产生活的诉求、急需解决的问题后，深刻体会到民族地区保护与发展的紧迫性与使命感。此外，不同专业的学生在工作中各自发挥所长、相互取长补短，加深对相近专业知识的了解，也使最终的调研成果较以往分专业的成果系统性及全面性更强。

本次暑期实践课程基本实现了预设目标，即关注村落物质空间保护发展的同时挖掘村寨社会文化传承路径，锻炼学生发现问题、分析问题、解决问题的研究能力，促进学科之间的交流融合，并初步建立起泸州市特色民族村寨档案（图2~图6）。

3 村落空间格局

九家沟苗寨坐落于半高山，分为3个组团，由土路相连。

通过对村落传统格局进行分析，分别提取出建筑、院坝、广场、步道、农田、水分6个主要传统格局要素，构建了山一林一建筑一田的完整空间格局。

3.1 整体格局与山水格局

九家沟苗族村落地处海拔1200米的半高山，村落周围四面环山。坐北向南，村落东面有天然水库一座——九家沟水库，由穿山洞、大岩脚两座大山构成的"广二龙抢宝"是村落对外的自然屏障，仅有一条土路从"二龙抢宝"中间通往村落，隐蔽性极强。而"二龙抢宝"围合区域又是一处天然的泄洪坝，洪水通过"漏水洞"排入赤水河，使苗寨免受洪涝灾害。

村落山青水秀，风貌传统。与自然山水与田园风光保持和谐共生的关系，体现了先人背山靠水的选址理念。

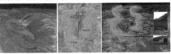

3-1 整体山水格局示意图

3.2 现状土地利用

九家沟苗寨为原始的自然村落，全为苗族同胞居住，是苗族村民生活、生产的聚集地。苗寨建设用地面积约为1.74公顷，用地类型主要由居住、农林用地组成。

3-2 九家沟苗寨重要建筑分布

7. 非物质文化遗产

有六项，分别为苗语、芦笙舞、蜡染、苗族服饰手工技艺、画眉鸟训养技艺、踩山节。

1、踩山节："川南苗族踩山节"属省级非遗项目，流传于泸州市叙永县南部山区苗族村寨中的苗族婚俗文化活动，至今已有400多年历史。苗族踩山节，又称花山节、花杆会，每年的正月初一至十五，以苗寨为单位，分别自发举行踩山节，一般择日连办三天。

7-1 苗族踩山节

2、蜡染：古称蜡缬，与纹缬（扎染）、夹缬（镂空印花）并称为我国古代三大印花技艺。蜡染作为我国古老的防染工艺，历史已经非常悠久。采用靛蓝染色的蜡染花布，青底白花，具有浓郁的民族风情和乡土气息，是我国独具一格的民族艺术之花。木格倒苗寨女子至今传承蜡染工艺，苗寨展示了我国蜡染技术。

3、苗族服饰手工技艺，九家沟苗族同胞擅长刺麻织布、刺绣、蜡染，苗族服饰绚丽多姿。苗族传说中，苗族的祖先是蚩尤，原本在黄河、长江大平原的大田大坝上种稻子，后来迁徙到西部，苗族人民就把这段历史绣在衣裙上作为纪念。九家沟苗寨至今流传手工制作服饰的习惯，从织麻、蜡染到缝纫，全为苗族妇女亲手制作。

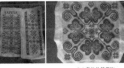

7-3 苗族传统服饰

4、画眉鸟训养技艺，苗寨内几乎每户人家都有养画眉鸟的习惯，并经常参加县内及周边地区举办的画眉鸟斗斗比赛等。苗族酷爱训养画眉，俗称"喂雀儿"。养鸟、斗鸟活动以过去观赏发展到列为民族体育文化活动项目。每逢节日，人们不仅能看到民族民间舞蹈，还能观赏到画眉斗鸟比赛。

（a）　　　　　　　　　　（b）

图2　九家沟苗寨规划组调研报告节选

九、民居结构的特色做法

叙永县水潦彝族乡九家沟苗族村，当地现有50年前左右的建筑，同时也有运用现代材料混凝土浇筑而成的建筑，但无论是什么时代的建筑，当地建筑的形态和功能基本没有太大的改变。这种形态和功能的分布是由当地居民多年来的生活经历所积累而成的。

1、屋顶的做法

在九家沟苗族村里，有两种屋顶的建造手法——坡屋顶和蓄水平顶（如图1、图2）。

坡屋顶　　　　蓄水平顶

该地区屋顶大体分三个阶段建造，早期（50~40年前）该类型的建筑基本以坡屋顶为主。在坡屋顶上搭上骨架然后覆盖茅草。第二期（30~10年前）在坡屋顶的基础上用瓦片代替了茅草，房屋逐渐封起后出现圆形的瓦房。第三期（现阶段）新建的房子大多以坡屋顶为主要的建造，因屋顶主要是起到利用水遮吸收大量的热量，而减少屋顶的吸收，水分在冬季还有一定的包温作用。

九家沟村位于两较陡的山坡中，四面环山，年初降雨量较大，村落是较湿差型，缺少空调等调节气候的设备。其屋面的不断变化实则是当地村民对灵活运用结构形式对更好生活的表现。

2、坡道与台阶

九家沟民的许多建筑都位于半山腰中，所以他们的主要交通通道路大多都带有一定的坡度，有些坡度较大的会直接做成阶梯。基本在整个村落里建以青见一条道路。但正因为这些坡道让当地的不调屋次多，同时加大了坡道的多变性，让通往行走在其中无障碍趣，建筑的朝向、大小、组合都会随着地形的变化而变化。

在一些坡道上会有十字交叉的划痕，以防坡道太过光滑使人难以行走。

3、梁与挑檐的作用

建筑墙体主要由石材与泥土混合砌筑而成，但是在屋顶的构造上运用了大量的木材，这些木材大多都是来源于当地。在房子的正立面做的屋顶会做出一个长1.2米左右的挑檐，挑檐主要运用于捧举的方向简单拼接，做出大体的框架，然后在上面铺放一层细竹条，竹条的位置上可以放置物品，而且出挑的檐也可以在白天提供乘凉的荫蔽处。

新建的房子逐渐用钢筋混凝土代替了木材和石头，但是建筑的挑檐和格局基本没有改变，可以说是一种传统的继承。

4、采光和通风的情况

一进到村口可以感觉到当地建筑的采光很差，昏暗寨基本没有光线直射，无论白天还是黑夜都是一片黑漆漆的。但是当进入人家手已经习惯了这种环境。无论新建还是老房子都是一样，在采光这方面都有小改变。通风方面的做法比较普通，虽然只有正面的墙上有屋顶，但是屋内的净高却高于4米左右，在房屋间墙体的顶部会做一排15厘米×15厘米的正方形网口，让风可以从内向对流，让房间里的空气与室外交换。

（a）　　　　　　　　　　　（b）

图3　九家沟苗寨建筑组调研报告节选

三号民居
(二社15号下层)

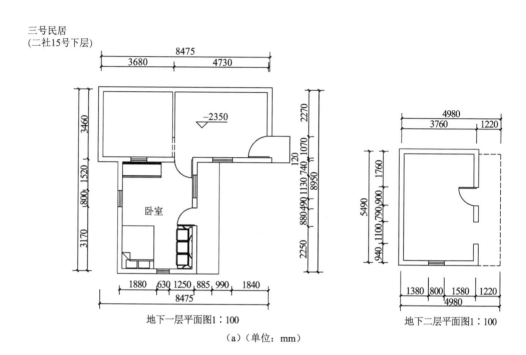

地下一层平面图1：100

地下二层平面图1：100

（a）（单位：mm）

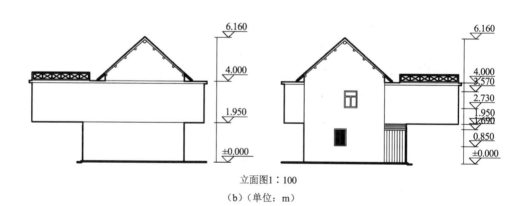

立面图1：100

（b）（单位：m）

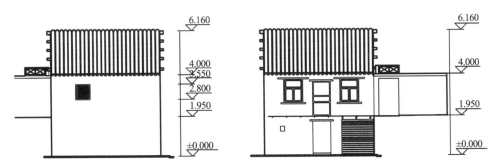

立面图1∶100

（c）（单位：m）

图4 九家沟苗寨特色民居测绘节选

图5 现场写生展示

少数民族特色村寨居民调查问卷统计表

问卷数据统计

序号	问卷内容	居民1	居民2	居民3	居民4	居民5	居民6	居民7	居民8	居民9	居民10
1	第一部分：人口学特征										
◆	户籍人口数量	6	10	8	7	8	9	6	9	9	7
◆	文化程度	小学	无	小学	小学	小学	小学	小学	初中	无	无
◆	宗教信仰	无	无	无	无	无	无	无	无	无	无
◆	现在的户籍	农业	农业	农业	农业	农业	农业	农业	农业	农业	农业
◆	从事的职业	农业劳动者	农业劳动者	农业劳动者	农业劳动者	农业劳动者	农业劳动者	农业劳动者	农业劳动者	农业劳动者	农业劳动者
2	农村家庭经济情况										
◆	一年的家庭收入/元	70000	10000-20000	10000	10000-20000	50000-60000	20000-30000	40000	20000	40000-50000	10000
◆	一年的家庭支出/元	40000	10000	8000	10000-15000	30000-40000	15000	30000	15000	30000	8000
◆	房屋建造时间/元	2015	2014	2014	2004和2012	1997	1977	2002	2005	1987	1997和2007
◆	房屋总花费/元	200000	200000+扶贫	50000	忘记	忘记	几自	30000	70000-80000	3000-4000	4000和30000
◆	是否拥有汽车及其以上	是	是	是	是	是	是	是	是	是	无
◆	拥有的家电情况/台	4	2	2	3	2	1	2	2	2	2
◆	拥有的农机设备情况	无	无	无	无	无	无	无	无	无	无
3	第三部分：人居环境评价指标										
◆	交通可达性（距离、工作、教育地点）	教育、乡镇	教育、乡镇	教育、商业	教育、医疗、乡镇	工作、商业	商业	教育、乡镇	教育、医疗、乡镇	教育、商业	工作
◆	环境舒适性（面积、绿化、街景、地域特色）	面积、环境清洁	面积	面积、景观	面积	面积	面积、绿化	面积、景观	面积、景观	环境清洁	面积
◆	环境安全性（交通、治安、防火、防灾、增速滚石落）	交通、防火、防灾	防灾	防灾	防灾	防震	防灾	防灾	防灾	交通、防灾、防灾	交通
◆	环境健康性（日照、通风、空气、湿度温度、噪声、污染）	湿度温度	日照、通风	日照、通风	日照、通风	湿度温度	日照	日照、通风	日照、通风	通风、湿度温度	日照
4	第四部分：村庄经济、村庄与旅游的重要性和满意度										
◆	村庄经济（旅游收入、吸引投资、就业机会、生活水平）					非常重要，但未得到发展					
◆	村庄文化（传统节庆、民居建筑、民族服饰、文化自信感、民族文化保护、村庄形象）					重要且满意					
◆	村庄环境（自然环境、村容村貌、邮电旅游设施）					自然环境重要，但交通未开发不满意					
◆	旅游支持条件（政府对旅游开发的态度、政策的执行力度、技能培训、投资商的资金支持、村集体经济经营管理能力）					重要，但未得到开发					
5	第五部分：居民休闲问卷										
◆	您平时不忙（不工作）的时候都会做什么活动	看电视、散步	散步	散步、织布	看电视、散步	看电视、发呆	散步、锻炼身体	看电视、玩手机	散步、医疗、锻炼身体	散步、织布、发呆	看电视、发呆
◆	做这种事情的地点一般在什么地方	家里	周边	家里	家里	家里	家里	家里	家里	家里	家里
◆	通常会跟谁一起进行这些活动	家人	家人	家人	家人	家人	家人	家人	家人	家人	家人
◆	进行这项活动的时长为（小时）	1.5-2	2	3.5	1.5-2	1.5-2	2	1.5	2	3	2.5
◆	您觉得现在的生活更愉快还是过去的生活更愉快	过去	过去	现在	过去	过去	过去	过去	过去	过去	现在
◆	这些放松的娱乐活动在现在是否必要，为什么	否 忙于劳作	否 忙于劳作	否 服饰需要	否 忙于劳作	否 取决于生活任务是否繁重	是 必要的休息	是 劳逸结合	否 取决与天气是否可劳作	是 加工民族服饰	是 劳逸结合

图6 九家沟苗寨居民调查问卷数据统计节选

民族地区传统民居建筑测绘实践探索

——以泸州市叙永县白腊乡天堂村苗族民居为例

李秋实　周　莉

摘　要：民族地区传统民居建筑测绘实践是民族高校建筑学、城市规划专业本科教学的综合实践环节，通过制定详细的教学目标、教学内容以及合适的教学方法，加强学生对民族地区传统民居建筑的认识。本文以 2017 年泸州市叙永县白腊乡天堂村苗族民居测绘为例，分析如何拓展学生专业视野，完成民居建筑测绘教学工作。

关键词：民居建筑；测绘；实践教学

基金项目：中央高校基本科研业务费专项（项目编号 2017NZYQN08）；中国国家留学基金（项目编号 201700850005）

1　目标及方法

1.1　教学目的

民族地区传统民居建筑测绘实践是以四川少数民族传统民居为对象的建筑测绘实践教学。西南民族大学城市规划与建筑学院作为民族高校以建筑类、设计类专业为主的学院，长期致力于保护与发展少数民族村寨。民族地区民居建筑测绘的目的是逐步建立少数民族特色村寨档案，在传承和弘扬优秀文化的过程中实施精准扶贫，积极培育和传播中华民族共同体意识。根据民族建筑测绘实践教学的要求，选择传统民居现状相对完好、具有特色建筑特征并且依然有原居民居住的活体少数民族传统聚落为调研对象，开展实地测绘与信息采集调研活动。

1.2 教学成果

自 2012 年以来,西南民族大学城市规划与建筑学院先后测绘调研了四川阿坝藏族羌族自治州马尔康西索民居、黑水县色尔古藏寨民居、康定市木堆藏寨民居、理县木卡羌寨民居、道孚县城民居。2017 年在四川省民族事务委员会的指导与支持下,面向四川省泸州市有代表性的少数民族特色村寨开展调研,完成了泸州市叙永县分水镇木格倒苗族村、水潦乡海涯彝族村、石坝乡堰塘彝族村、永潦乡九家沟苗族村、白腊乡天堂村、古蔺县箭竹乡团结村苗寨等多个特色村寨的民居测绘调研活动,搜集整理且形成了一系列丰富的成果。

1.3 教学方法

民居建筑测绘是研究及发掘传统民居文化的一个重要手段,通过对其勘察、测绘、整理,可以了解传统民居的建造格局、营造特点、文脉特征及文化背景。单一的测绘工作不能体现传统民居建筑的地域特色,因此需要制定完整的信息采集数据表:村落基础信息表、村落保护现状表、村落空间格局表、村落环境分析表、村落建筑信息表、村落基础设施表、村落非物质文化遗产信息表等(表1)。民居建筑测绘主要是测量不同位置建造及构筑物的形状、大小和空间位置,并在此基础上绘制相应的院落总平面图、院落横剖面图和纵剖面图、单体建筑平面图、单体建筑正立面图和侧立面图、单体建筑纵剖面图和横剖面图、梁架仰视图、大样图与立面相关的大样内容。另外还包括坐标系统的建立、图纸的编制、工程测量、测量误差的处理等方面。测绘图纸要求采用统一标准的图纸格式;调研表格、文字、照片需要分类整理,内容完整,分析精确,以此形成统一完善的建筑测绘流程。

表 1 信息采集目录

任务	内容	要求
传统建筑	1)各级文物保护单位 2)历史建筑 3)传统风貌建筑 4)建筑物遗迹及遗址等	1)调查村寨内所有建筑单体 2)以地形图为基础,绘制建筑分类图 3)对重要的传统建筑或具有典型意义的5~10栋建筑进行测绘,以表格、文字、照片、图纸等必要的形式记录其位置、面积、建成年代、基本形制、建造工艺、结构形式、主要材料、历史功能、产权归属、使用状况、保存状况等信息。如时间允许,可对所有建筑按上述要求进行记录

续表

任务	内容	要求
空间格局	1）村落基础信息表 2）村落保护现状表 3）村落空间格局表 4）村落环境分析表 5）村落建筑信息表 6）村落基础设施表 7）村落非物质文化遗产信息表	通过村寨内的现场踏查，掌握村寨内部格局和肌理、重要节点的布局、基础设施布局等
村寨自然景观环境	1）与村寨选址有关的山形水系、地形地貌 2）构成村寨传统风貌特征的周边主要自然植被、农业景观的种类与分布等	通过文献研究、村民访谈以及较大范围的现场踏查，掌握村寨选址、主要自然景观环境等相关要素的大致分布

2 测绘实践探索

2.1 基地概况

泸州市叙永县白腊乡天堂村属于山区丘陵地貌，海拔 970~1660 米。境内地势高，制高点黄连坝山岭海拔 1659 米，最低处打米场海拔 970 米，相对高差 689 米。该村地处亚热带季风性湿润气候，年平均气温为 15~25 摄氏度，年均日照 1150 小时，降水充沛，年降雨量 1172 毫米，有暴雨水灾。截止到 2017 年 12 月，天堂村全村辖 12 个村组，现有户数 886 户，总人口 4168 人，农村劳动力 2295 人，其中苗族 1026 人。苗族特色传统村落位于 9 社，由小寨、上寨和下寨组成，现有 76 户 381 人。该村落四周群山环绕，周边梯田散布，村落住户集中成片。

2.2 村落格局

天堂村坐落于半高山，由小寨、上寨和下寨组成，由水泥路相连。通过对村落传统格局进行分析，分别提取出建筑、院坝、广场、步道、农田、水系等主要传统格局要素，构建了山—林—建筑—农田的完整空间格局（图 1）。建筑：结合坡地走势，背靠山体，面朝农田，沿等高线层层分布，建筑平面布局大多为一字型等。院坝：寨内基本上户户有院，位于建筑正面，根据用地条件的不同，形状各异，有方形、有弧形，其铺面大多为土石。广场：寨内有一处集会广场，现状为土石坝，是村民开展传统活动的场所。步道：寨内有一条环形车行道，各户之间通过石阶或土路串联。农田：耕地位于村落周边，呈梯田，种植类型为玉米、水稻等传统农业作物。水系：寨内有两条水系从山涧留下穿过村落，水质较好，且溪流未经人工修饰，形态自然。

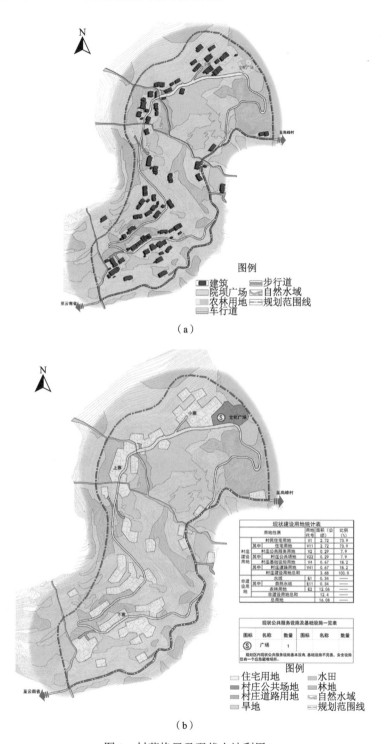

图1 村落格局及现状土地利用

通过对天堂村传统村落历史发展的分析，确定影响其空间格局的历史环境要素主要分为四个阶段。第一阶段，清代，苗族先民因躲避战乱迁徙到天堂村，建草房聚居，在上寨形成村落的雏形。第二阶段，清末，村落建筑形式从原始的草房改建为土木结构的民居，多以5柱为主，二楼为竹子绑成的楼面，房顶以树皮加稻草为主。村落扩展，在下寨、小寨等地建起房屋。第三阶段，民国时期，房屋多以7柱为主，多数房屋盖了瓦，房屋墙壁多在中间用竹条，再用泥土混合牛屎抹灰。第四阶段，中华人民共和国成立后，部分房屋翻修，以8柱及9柱为主，并在小寨形成了公共活动空间（立花杆广场）。图2为每个阶段的村落空间格局示意图。

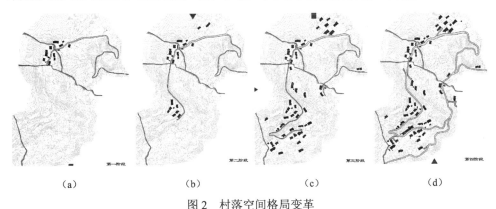

| (a) | (b) | (c) | (d) |

图2 村落空间格局变革

2.3 民居建筑

（1）概况

天堂村苗寨民居建筑选址重视风水，格局依山就势，整体风格与地形地貌、自然环境和谐统一，体现出了自然与人文融合的环境观和生态观。天堂村苗寨的民居建筑大多为人字水、青瓦屋顶、穿斗木构架，坐北朝南，以中间堂屋为轴线，左右对称，有四列三间、五列四间。堂屋为正房，左右两边主要以起居为主（也有堂屋不在正开间，以"兄弟宅"为例）。村落中穿斗结构的建筑占建筑总量的85.58%；砖混结构的建筑占建筑总量的8.65%；其余民居建筑风貌与传统风貌不相符，占建筑总量的5.77%。总而言之，村落的建筑风貌基本保存下来，个别不符合传统风貌的建筑已经被政府责令加建或修缮，使其符合整个村落的整体风貌。

（2）建筑结构

本次重点测绘的传统民居是一栋三开间穿斗式结构的建筑，建筑屋顶有9根主檩，脊檩上方有一根脊梁。每根檩条之间有一根方木叫作挂挑，挂挑上方的圆木叫作挂条。每一根主檩下方有一根柱子，分别是一根中柱、两根大金柱、两根二金柱、两根三金柱、两根檐柱，最外面的一根柱子没有直接落地，称作赤瓜柱。上挑和下挑是穿过二金柱、檐柱、赤瓜柱的穿枋。头穿是穿过前、后两根檐柱的穿枋；二穿是穿过前、后两根三金柱的穿枋；三穿是穿过前、后大金柱的穿枋；在地基上有一根穿过前、后檐柱的穿枋叫作地穿。当地苗族传统民居建筑形式较为规整严谨。在现场测绘过程中，邀请当地建造房屋的工匠现场回忆讲解，学生一边绘图一边录音，结合县志记载的相关内容，对当地民居建筑的结构特点进行了数据采集和整理。

（3）建筑布局特点

当地传统民居的屋前都有阶沿，堂屋正前的阶沿称大阶沿，阶沿是居民休闲、聊天、议事、下地收工临时放农具、雨天晾晒和堆码粮食的重要场所。民居建筑对阶沿特别重视，其宽窄不等，一般为3~4米，都可逢事设席。阶沿的材质不一，但多以石料采用水磨工艺拼砌。阶沿外的院坝多用长方形石板拼铺而成。一层的建筑功能主要为起居功能，包括客厅、厨房、堂屋等；二层的空间功能主要以卧室、储藏室、腌制室为主，布局十分合理而且互相之间都有连接。当地传统民居建筑采用相近的空间布局，个别民居建筑进行了些许改变，在一层和二层的部分空间都有加柱的现象，同时利用加柱的结构进行围合，形成了小空间，这些空间一般以储藏室为主。建筑局部空间的利用也很有特点，二层的卧室上面增加了一层阁楼，加大了空间的利用价值，同时屋顶通过拆除一些小的瓦片使屋顶形成天窗用来采光，使原本黑暗的空间变得明亮。

（4）建筑材料

当地民居建筑的材料以木材为主，同时用到了竹、土、砖、瓦等材料。木材是整个建筑的结构部分，通过特有的榫卯连接；竹子以竹条为主，将竹条编织成竹墙用于围合空间，楼板的选材主要是木材和竹子。竹片充当楼板起承重作用，具体形式为：①竹片横向平铺，将整块楼板铺满；②在竹片的下面有纵向的梁，起到支撑作用；③利用竹片的韧性，当有可变荷载时，竹片会通过弹性形变来转化荷载，同时将荷载传递给下面的梁，再由梁传给柱子。土制墙体主要运用在建筑的底部，起到巩固结构的作用。

（5）建筑艺术

天堂村苗寨民居建筑最常见的建筑装饰手法为雕刻和绘画。清朝及民国时期，川南大部分住房为穿斗木结构、青瓦屋面、人字水。四壁多用木板围合，在壁面设计安装推窗或固定窗户，俗称窗格子。夹壁多用篾编，外糊草泥或用石灰粉刷。天堂村苗寨民居的窗棂雕刻精美，寓意深刻。古代建筑中的吉祥图案，如"五福临门""福禄双全""双龙捧寿""多子多福""卍字格"及历史人物等，在这里随处可见。中堂之中梁，多画有太极图或如意缠枝花卉等图案（图3）。

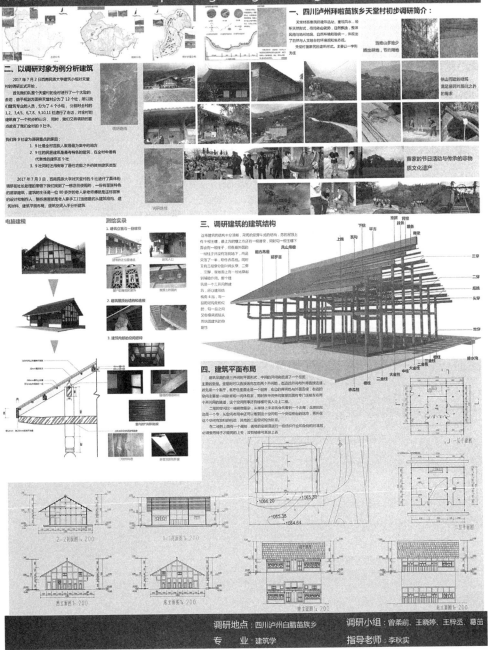

（a）

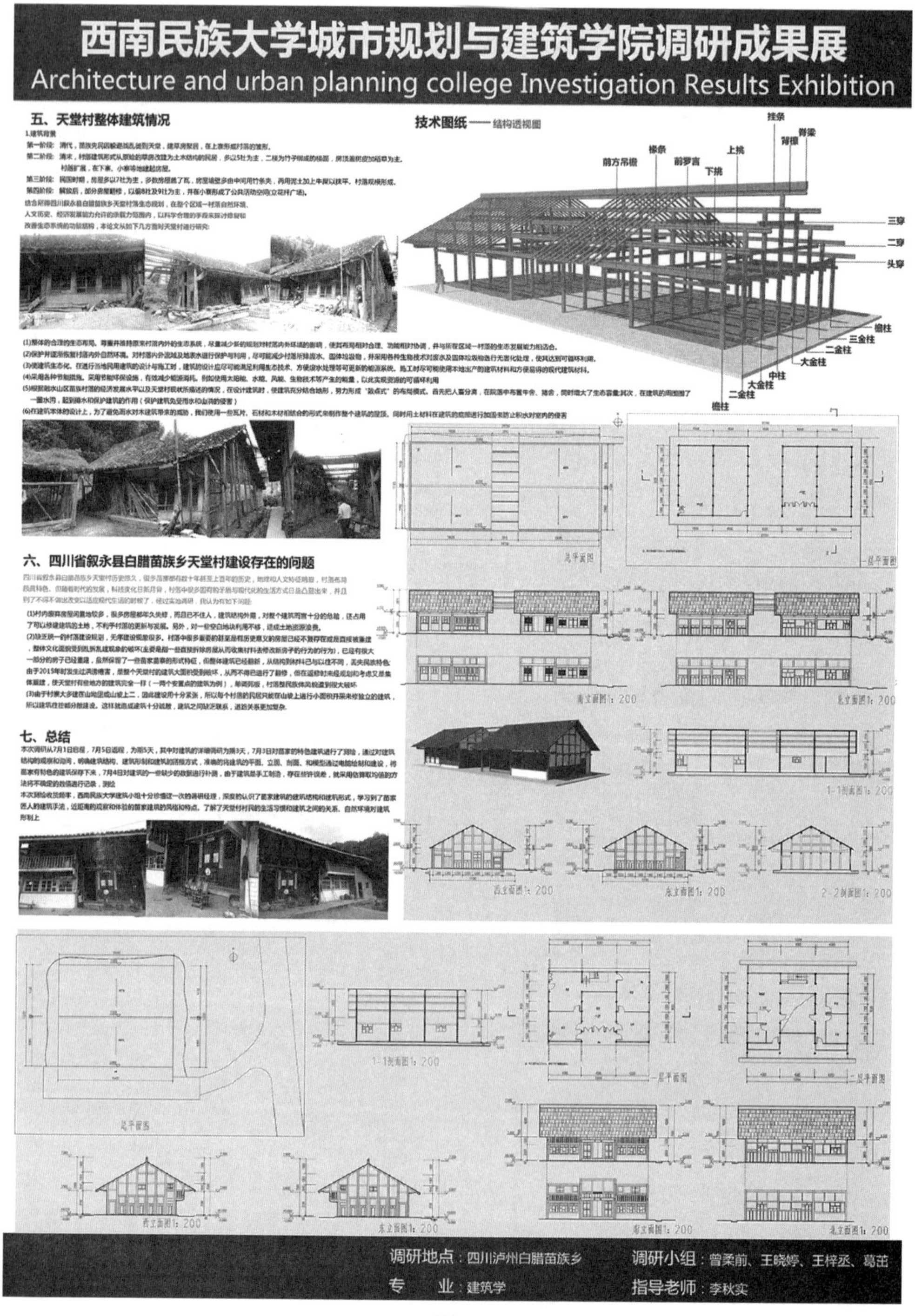

(b)

图3　民居建筑测绘成果

3 教学效果

3.1 学生反馈

学生在调研测绘实践中，以组为单位在教师的指导下先查阅相关资料制定测绘方案，然后依据测绘内容和时间进度开展测绘工作。学生普遍反映通过测绘实践，加深了对民居建筑结构、空间布局、材料、构造、营建方式等内容的理解。同时，学生调研民族村寨自然环境、村落空间格局、历史、文化等内容，在理解民居特点和形式的基础上，主动思考分析建筑与文化、地域、民族、宗教、社会的关系。另外，将传统民居测绘与建筑设计课程相结合，将调研成果用于建筑设计，学生不仅可以认识到设计前期调研的重要性，同时可以提高对某一地域特色建筑设计的训练。

3.2 指导教师反馈

如何在保护民族传统建筑和传统建筑文化的同时，切实改善少数民族居民的居住生活条件，是当今建筑学界的重要课题。将测绘实践成果与科学研究紧密结合，继续为西南地区少数民族特色村寨的保护和规划设计工作做出贡献。对测绘成果开展精确的数据分析和整理，逐步建立四川省少数民族特色村寨档案。西南民族大学城市规划与建筑学院暑期民族建筑测绘实践，已经初步形成了学习、研究、实践一体化的教学科研模式，为今后保护与发展少数民族特色村寨的工作做好了充分的准备。在实现传承和弘扬优秀文化的过程中实施精准扶贫，积极培育和传播中华民族的共同体意识。

4 总结

西南民族大学城市规划与建筑学院民族地区传统民居建筑测绘实践是本科生教学的重要实践环节，制定科学的教学方法、规范正确的教学内容和实施合理的测绘方案是实践教学取得良好效果的保证。上述教学方法和经验是这几年民族建筑测绘教学的探索实践，取得了一些成果。西南片区拥有众多极具特色的地域性建筑，我们应该在教学实践的基础上，引导学生拓宽专业视野，加强学生对民族地区传统民居建筑的认识。

参 考 文 献

潘谷西. 2004. 中国建筑史[M]. 5 版. 北京:中国建筑工业出版社.

天津大学建筑学院. 1997. 中国古建筑测绘教程[M]. 天津: 天津大学建筑学院.

王其亨，吴葱，白成军. 2006. 古建筑测绘[M]. 北京：中国建筑工业出版社.
杨菁，李江. 2014. 地域性建筑测绘中的教学探索——以天津大学河西走廊古建筑测绘为例[J]. 高等建筑教育，23（3）：58-61.
张蕾. 2010. "古建筑测绘"课程教学方法改革浅析[J]. 浙江树人大学学报（自然科学版），（4）：84-86.

羌族民族民间工艺的传承与发展在现代产品设计教学中的创新探索

周　莉　曾俊华　李秋实

摘　要：羌族地区遗留下来的民族民间手工艺术——羌族羊皮鼓、羌笛、羌绣、羌银等制作工艺和文化承载成为中华民族重要的文化遗产，也代表和体现着羌族地区独特的文化地貌。羌族文化是我国民族文化的瑰宝，羌族没有文字，仅靠释比文化中释比口传心授，流传至今主要的文化载体是释比的法器羊皮鼓及羌笛、羌绣。羌族民族民间工艺是与羌族人民的生活生产风俗习惯密切联系的，是羌族人民精神文化的一种体现，是研究羌族历史、羌族民族民间工艺的重要资料，极具民族特色。目前，面对世界文化的融合，国外的大量产品涌入我国，我国民族文化的传承发展与现代产品设计都面临巨大的挑战，如何传承优秀民族文化，开拓创新现代民族产品，是现阶段民族文化与产品设计教学面临的新的转折。本文通过对羌族民族文化的田野调研、民族符号元素的挖掘整理，结合当前民族文化发展与人才培养的现状以及在产品设计中的利用价值进行分析，并进而对产品设计中羌族文化的美学、经济价值进行探析，强调了产品设计中民族文化构建的必要性。"这种构建，利于产品设计的定位与创新，利于产品竞争力的提高，利于民族文化的保护和传承，利于加快民族特色产业发展，利于中国产品设计风格的形成。"（王勇刚，2010）利于建立"产、学、研"一体化的研究机制，形成民族民间工艺与现代产品创新设计的可持续发展。

关键词：羌族；民族民间；手工艺；产品设计；传承创新

基金项目：2018 年成都市哲学社会科学规划项目"非物质文化遗产校园传承研究"（项目编号 2018L34）；西南民族大学 2018 年教学改革项目"基于当前教育背景下我校产品设计专业教学中藏羌民族民间工艺文化的构建"

羌族是我国最古老的民族之一，它的栖息地主要为川西北高原文化交通重镇茂县，在"一路一带"上具有重要作用。从新石器时代开始，这里就是南来北往的古代族群迁徙移动的枢纽和通道，进入历史时期即是南北"丝绸之路"的结点，更是南北"丝绸之路"的天然延伸。正因为如此，这里汇聚和遗留了许多优秀的羌族民族民间工艺文化，这种文化是我国民族文化的瑰宝，是羌族的根系，也是其生存、延续、发展的重要支柱，与各族人民的生活生产风俗习惯密切联系，是羌族人民精神文化的一种体现，是研究羌族历史、羌族民族民间工艺的重要资料，极具民族特色。

如今，现代工业文明已经渗入全球各个角落，羌族传统手工艺传承千年的制作方法和工艺依然保持纯粹和完整，依然有众多的当地羌族人民以此为生，传承与发展是目前民族文化发展的首要任务，作为全球历史最悠久、保存最完整的羌族民族民间工艺，也引起了世界的极大关注和浓厚兴趣，我们无比兴奋地感受到羌族民间工艺的独特魅力，积极参与羌族民族民间工艺的创新发现与未来产品的开发设计。同时结合现代产品设计教学创新，有效利用羌族民族传统文化，不仅有利于增加产品设计的独特性、加强各民族的交流，还有利于将经济发展与民族文化保护结合起来，使羌族民族文化在现代化进程中能实现自我创新与发展，更有利于建立产品设计专业特色教学的发展方向研究。

1 羌族民族民间工艺传承发展与旅游资源价值

羌族民族民间工艺具有独特的文化内涵、艳丽的颜色、丰富的质感，以及传统的手工制作方式。由于羌族地区地处偏远的山区，长期的封闭状态使得羌族民族民间工艺的价值极少为外界知晓，一直局限在很窄的使用领域。但是通过我们与国内外设计界与学术界的专家、学者、艺术大师的沟通和交流，大家一致认为羌族民族民间工艺具备成为高端艺术品和奢侈品级别的实用品、装饰用品的一切素质。在倡导低碳环保消费理念的今天，羌族民族民间工艺必然可以成为当今绿色、环保、自然、手工等消费理念的代表性产品。只需极大地提升羌族民族民间工艺产品研发设计、生产工艺、品牌包装、文化传播等各项基础条件，即可具有很高的商业价值。

羌族地区本身在旅游业方面就很发达，具备世界独树一帜的羌族民族文化艺术，吸引大量喜欢民间艺术的爱好者、艺术家、设计师、文人、学者来羌族地区旅游、参观、学习、创作，提升了羌族民族民间工艺的知名度，吸引了更多的游客前来。旅游作为一种特殊形式的文化消费，与人们的生存状态、价值取向、消费观、文化艺术有着密切的关系。传统羌族民族民间工艺制作技术有其独特性和一定的难度，而作为旅游艺术商品，其价值主要体现在其文化的独特性。羌族民族民间工艺历史悠久，具有高超的手工技艺，表现出令人难以置信的艺术想象力和创造力，承载着创造者的喜乐悲观乃至终极关怀，是现代工艺产品设计和参与式旅游活动最珍贵的资源。在现代产品设计教学创新中，我们重提民族民间工艺文化融入产品设计是非常具有现实意义的。

2 羌族民族民间工艺的传承发展与现代产品设计教学创新探索的方法论

"民族民间工艺在当今社会的传承与发展是一个比较沉重的话题，每个国家和民族都尝试用各种方式来延长民间工艺的传承空间，但还是有很多的民间工艺正在淡出人们的视线。"（王永亮，2014）如今真正的传承与发展应是在现代生活中呈现活态传承发展，融入现代生活，融入现代教育，提升民族文化品质，加强民族文化宣传与推广。在羌族民族民间工艺的传承发展与现代产品设计教学中，我们不再是闭门造车，更多的是"走出去，引进来"，到民族文化产业发展的前沿地区、市场、企业、工作室去调研、探索、发现。推崇"产、学、研"的研究模式，以教学研究为主体，人才培养为目标，推进产品的设计开发与定位，促进产品的市场竞争力，带动企业产出与发展，结合政府部门的政策指导，全方位地推动民族民间工艺产品健康、有序、协调地发展。

2.1 传承与发展现代产品教学中注重民族文化深度的田野研究调查

对于任何一种文化，要做到知其然，必知其所以然，寻根探源。在当前的许多产品设计中，设计师对于民族文化符号元素的理解及运用往往是"拿来主义"，复制粘贴，这样简单粗暴的方法是不符合文化内涵的发展要求的，仅只停留在民族符号的表面，并未真正地寻根探源了解文化符号深层次的内涵及寓意。在国家艺术基金"羌族民族民间工艺与当代羌族地区旅游产品设计人才培养"项目的学术研讨会中，文化部非物质文化遗产司孙冬宁先生说过这样的话：民族文化是一个民族的根，只有根深蒂固，才能枝繁叶茂，其他文化才能生根发芽，我们要了解一个民族的文化，不仅是看它的枝、它的叶，还要深入到根，找到其精髓，在运用的过程中才能枝繁叶茂。对于民族文化探源的最好办法就是深入其中、融为一体，在生活中体会与发掘就必须注重田野研究。

田野研究其实就是走进一种文化，在生活中体会它的发展渊源、现状及特征。为此我们在教学中进行了一系列的田野调查。以人们的生活现状，探索分析羌族民族文化的类别、文化内涵、图形、符号元素特征及作用，分析其背后的历史发展背景与经历，并进行精细归类与特征分析，从而对比其文化的异同、作用的大小、功能的区分并进行深入的研究。特别是在整理羌族的释比文化中，我们通过对其释比人性与神性的探源，从传统的释比图经中找寻经典的图形符号元素，从传统的释比唱经中搜寻不一样的图形符号概念，从生活中提炼释比图形符号的原创表达。通过这样全面的整理，得出了一系列融传统与现代于一体的新的民族图形文化创作，并用于现代产品设计，即给人耳目一新的感觉，神秘通灵，耐人寻味，却又传承传统精髓，展示了现代设计美学的表达形式。田野调查是文化符号探源的根本方法之一，只有深入其中，才能了解一种文化的特征，随着田野调查的深入，我们收集整理了一手的民族文化资料，获得了更多民族文化历史与内涵的寓意，为产品设计提供了丰富的民族文化源泉。

另外，田野调查还让我们深入地了解羌族民族民间工艺的现状与当前的发展特征，看到当前世界文化融合的同时，也看到了民族文化产品发展的忧虑和困惑。"民族文化的传承关键在人，更重要的是在年轻人。随着民族地区社会、经济的发展和交通、信息通信等条件的逐步改善，广大民族群众思想观念也开始发生变化，尤其是他们中的一些年轻人。他们对城市的生活充满着向往，而对本民族的传统文化，则表现冷漠。他们大多因上学或打工来到城市，并希望通过自身的努力，改变贫穷落后的命运。年轻人的大量流失，使得少数民族传统文化传承陷入困境，出现后继乏人的局面。"（马胜强，2008）在民族地区对于民族手工艺的传承与发展仅有一些老艺人在坚守，传承与保护刻不容缓。而作为传统的老艺人，空有一身好手艺，但不懂得如何推陈出新，也不知如何创新，造成民族地区产品形态和结构老化、种类和形式单一落后、内容缺乏新意，生产的只是适合本民族自身的生活用品，缺乏创新，与当前时尚元素、流行文化的融合借鉴也相当缺乏，无法引起人们的热爱共鸣，从而喜欢它并购买它，使其产生经济价值，面对无经济价值的物品，在当今浮躁的现实社会里，民族传统文化怎能不迈向消失？通过深入的田野调查，面对当前羌族民族民间工艺发展的现状，找到发展的阻力，提出羌族民族民间工艺的重塑、传承人才的培养、灵活机制创新模式的建立对于民族传统工艺传承与发展在现代产品设计教学中的创新探索是势在必行的。

2.2 民族文化传承发展与现代产品教学中教学资源的"引进来"

现代发展中民族文化的发展早已不是单一的模式，有艺术模式的融合、有文化符号的融合、有人才资源的融合。面对这种大融合，无论是传统民族文化的发展还是现代产品设计的发展都在共融互生。在教学中，羌族民族民间工艺与现代产品设计教学一定要遵循"引进来"的融合方法。目前，我国各地区、各高校都在探索民族民间文化符号元素与现代产品的创新，双方的探索与发展以什么样的模式更行之有效呢？"引进来"即是行之有效的方法之一。

（1）羌族地区民族民间手工艺艺人的"引进来"，教育深造，开拓新思维新观念

民族地区的传统手工艺艺人具有优秀的民族手工技艺，但在现代社会发展进程中，光有精湛的技艺已不能全面适应民族文化的发展，如还是一味地孤芳自赏，那传统民族文化终将消亡。传统的民族民间工艺产品文化符号元素内涵丰富，制作工艺精美精湛，而其实用价值和使用范围对于人们来说无甚意义。当前的发展只有更新观念融合创新，寻找新的产品开发种类，拓展产品功用，才能为民族民间工艺的传承与发展指引新的方向。而改变观念传承创新，首先是改变人，即民族地区民族文化的传承人和守护者，把他们"引进来"，引进校园，接受现代产品开发设计新的设计方法、设计观念。从思想上、观念上创新，改变原有的产品单一的模式、种类和功用，使之更适应当前社会产品发展的需要。

民族民间工艺传承人地处偏远的山区，长期的封闭状态使得他们对于现代产品的发展方向、功能及特征没能及时地了解与把握，即使想要创新也往往不知如何表达，笔者访谈汶川银杏乡的绣娘邓春花时，她介绍道："作为羌绣的传承人，我们空有一身技艺，我们除了会绣花，会绣围裙、花腰带，其他的我们还能绣什么呢？其实我们也在反思，也想创造新的产品，可是我们没有好的思想和好的方法。"诚然"引进来"，走进校园，接受现代产品设计的再教育是提升羌族地区民族民间手工艺艺人传承创新的根本途径之一。目前，国家文化和旅游部也在大力提倡我国非物质文化遗产传承人才培养，而作为高校教育实施者的我们还在等什么呢？

（2）专家、学者及老艺人进课堂的"引进来"，扩大传承民族文化内涵及制作工艺深度与广度

羌族民族民间工艺专家、学者及老艺人学术深厚、技艺精湛，把他们引进课堂教学，指导探索，培养产品设计专业本科学生，传承民族文化内涵及制作工艺，进一步扩大传承民族民间工艺的深度与广度。"从目前来看，在学校教育中，民族文化占有很少的比例。但学校教育传承自身却具有进行民族文化传承的很多优势。因此，学校教育传承在民族文化传承中，应当占有相当重要的地位。在国家大力推广传承传统文化复兴教育的过程中，利用现代学校教育的传承方式来传承和传播民族传统文化，一方面可以保证民族年轻人接受现代学校教育，学习科学知识，获得受教育权利；另一方面学校教育传承，又使得传统民族文化走进学校课堂，成为一门课程。这不仅可以加强少数民族青年对本民族文化的认识，同时也可以在学习过程中，激发广大青年学生对民族文化的认同"。（马胜强，2008）在教学模式上，专家学者作品欣赏、学术讲座、交流座谈、经验分享、实践技艺及操作技艺指导，是改变和拓展学生产品表达观念与形成个性化创新表达的有效

方法和途径之一。让专家的先进观念和思想与我们的教学实践进行交汇碰撞，指引现代产品设计民族民间工艺传承与创新的方向。

在对大师作品赏析的理解和研究中，学生可以借鉴大师、专家作品中观念表现的基本方法、种类等，对作品的赏析、理解可以大大丰富学生对民族民间工艺产品设计观念的语言与技法形式，为创造自己独特的产品表达积淀丰厚的基础。在实践中我们聘请了中国艺术研究院研究员、中国艺术研究院副院长、工艺美术研究所所长、国家非物质文化遗产保护工作专家委员会委员、中国工艺美术学会民间工艺美术专业委员会主任孙建军，中国工艺美术学会民间工艺美术专业委员会委员钟茂兰，文化部非物质文化遗产司孙冬宁，北川羌绣协会会长何国良，重庆文学艺术界联合会主席挲涛，以及羌绣、羌银国家级、省级传承人汪诗芳、李兴秀、扬维强等专家、学者及老艺人，让学生第一次近距离地传承学习民族民间工艺文化，为我们的产品教学注入新的思想技艺，让学生直观地领悟其民族产品构成形态、种类、功能，把握创新的方法，在不断的尝试过程中创新、积淀，从而找到形成现代产品设计风格的个性化形态与观念表达，取得了非常显著的教学成果。

（3）民族文化传承发展与现代产品教学的"走出去"，建立民族民间工艺研究工作站，促进"产、学、研"的一体化进程

目前羌族传统工艺产品在国内外市场上受欢迎程度明显提高，形成有鲜明民族特色或地域特色的知名品牌，带动传统工艺中具有优势的产业和行业发展。在教学过程中，通过"走出去"与民族地区政府、企业对话，"走出去"建立民族民间工艺与产品教学实践工作站，促进"产、学、研"一体化进程。

首先，在羌族地区各级重镇建立羌族民族民间工艺研究工作站。推动高校、企业在羌族传统工艺集聚地区设立工作站，帮助传承人改进设计、改良制作、提升产品品质；实现大专院校当代设计理念注入羌族传统工艺文化，提升羌族传统工艺文化的设计感、时代感、品牌品质，建立健全当前设计营销模式，实现设计与传承创新的动态管理；打造一批具有羌族民族特色的传统工艺知名品牌和传统工艺时代精品。

其次，实施羌族传统文化与现代羌族民族民间工艺旅游产品人才培养计划，让更多的人员参与高端现代民族民间工艺设计与创新。以羌族地区的旅游业带动羌族民族民间工艺旅游产品的发展，从而促进民族民间工艺文化产业的良性发展，实现产、学、研的全方位发展。

最后，在羌族地区传统工艺集中的历史文化街区、文化生态保护区和自然及人文景区设立羌族传统文化和旅游产品展示展销基地。实行新型体验模式营销，促进销售和生产，让羌族传统工艺文化在生产中保护，在销售中发展。实现羌族

民族民间工艺文化的社会价值和经济价值，进而建立羌族民族民间工艺分类行业标准、产品质量控制标准，保证羌族传统文化的独特性和时代性。在羌族民族工艺文化传承创新上既不失传统，又具有新的时代感。解决传统工艺关键技术、材料与设计的融入与协调之间的难题，让材料得到突破，工艺水平进一步提升；把握传统文化内涵，懂得跨界与融合，促进民族民间工艺的健康协调发展。

3 结语

"羌族民族文化传承与发展面临机遇和挑战，有针对性地提出促进羌族民族文化发展的对策：重视本民族文化的传承与发展；选择正确的文化传播方式及途径；从社会其他方面来看，要维系一个多元文化的格局；民族文化传承与发展要广开'才路'，创新培养创意人才。"（彭帅，2015）这样才能使羌族传统工艺蕴含的技艺文化得到继承和发展，让追求精益求精的中国手工精神在全社会得到认同和弘扬；新时期民族文化的传承与发展既要构建优秀传统文化传承体系、满足人民群众日益增长的精神文化生活需求、培养和形成社会的工匠精神，又要将传统工艺与现代设计进一步融入，让传统工艺在当代生活中得到新的广泛应用，使传统工艺的各种元素进入生活的多个领域，进一步提高人民生活品质，满足多元化的文化需求。所以在当前的教育教学中进一步扩大羌族传统工艺的从业者队伍，提高传承人群的文化素养、审美水平、传承能力和创新能力，才能完善和加强传承体系，提高从业者的职业自豪感和社会认同感，增强发展后劲，从而使羌族民族民间工艺现代产品研发形成专业化的设计、制作、销售流程，并创造出高质量国际化水平的民族品牌。

通过当前教学实践的探索，对民族产品进行反复试验，孜孜不倦地进行刻苦钻研、挖掘、提炼并创新，深挖其文化内涵，羌族民族民间工艺才能真正成为一个文化产业，作为一种民族文化品牌延续下去，并真正散发精致、包容、优雅、质朴的自然韵味，唯有这样才能使优秀独特的民族民间工艺得到彰显、流传，在传承和发展中绽放民族文化的奇异光彩，这才是民族文化与现代产品可持续发展的探索之路。

参 考 文 献

曹能秀, 王凌. 2009. 论民族文化传承与教育的关系[J]. 云南民族大学学报(哲学社会科学版), 26(5): 137-141.

黄启学, 赵静. 2014. 城镇化背景下民族自治地方的文化传承发展问题[J]. 西南民族大学学报 (人文社会科学版), 276(8): 32-37.

刘发志, 曾淼. 2006. 文化全球化背景下少数民族传统文化传承安全思考——以贵州少数民族 传统文化传承安全为例[J]. 乌鲁木齐职业大学学报（人文社会科学版）, 15(4): 87-90.

马胜强. 2008. 现代化进程中少数民族文化的传承与发展[J]. 中共伊犁州委党校学报，（2）：54-57.

彭帅. 2015. 论少数民族文化的传承与发展[J]. 新西部(中旬刊)，（11）：18.

王彦达，魏丽，马兵. 2005. 民族文化的现代化是少数民族文化传承的趋势[J]. 满族研究，（2）：29-33.

王永亮. 2014. 新疆维吾尔族民间工艺的传承与发展研究[J]. 美术观察，（10）：129.

王勇刚. 2010. 产品设计中少数民族文化构建价值探析[J]. 美与时代(上)，（6）：80-82.

饮食·成都

——现实感和城市日常文化视野下的建筑学教学探索①

华　益

摘　要：建筑师职业现实的变迁，对当下建筑学本科教育提出了新的挑战。本文通过作者"重设水井坊"和"吃透建设巷"两个建筑学本科教学实践案例的介绍和小结，探讨了如何将地域性文化和日常生活视角引入当下建筑学教学设计，通过学生对现实环境的沉浸式体验，使其成为训练学生空间观察能力和用设计解决现实问题的有效途径。通过以上两个教学案例的思考，本文还尝试回应了如何在非重点建筑设计院校的教学中扬长避短、因材施教，有效地将建筑学教学推向建筑师基础素养的训练。

关键词：建筑学本科教学；现实感；水井坊博物馆设计；日常文化；沉浸式体验；建设巷调研

在 2014 年从事教学工作之前，笔者曾经做过三年的职业建筑师，建筑市场的职业现实给了笔者巨大的冲击。首先，会发现自己在大学中所受的学院派建筑学教育很难满足建筑市场对于建筑师综合专业能力的要求；其次，同行们都亲身感受到过去被称为"建筑业黄金十年"的火红市场（凌克戈，2015）的日渐衰微：国内资本对于空间生产力的要求早已厌倦了对于产品高数量、低成本的原始追求，开始把注意力转向挖掘"设计"背后所蕴藏的商业、文化力量，以期产品在市场中获得更强的竞争力。可以预见的是：在未来，那些只会画得一手好图、不去现场也不去工地的设计师，以及那些只会按照任务书安排功能和流线、不会通过"设计"来解决实际问题、撬动社会利益关系的设计师，他们的就业前景将越发艰难。显而易见的是，过去那套设计院的功能类型项目教

---

① 本文根据笔者参加第五届西南地区建筑类高校教育联盟论坛会议所做的报告《饮食·成都——城市日常文化视野下的建筑学教学探索》整理而成。

学模式已经难以适应建筑行业的未来需求。在这样的焦虑下，笔者的教学目标也逐渐明朗：首先，让学生在设计中接触复杂的现实条件，并刺激他们用"设计"去面对现实条件、解决现实问题；其次，是用建筑学的空间思维方式训练去撬动过去培养设计院技能应用型建筑师的单一训练模式，拓展学生的综合设计能力，使他们获得更广阔的专业发展前景。

笔者选取了两个教学改革的小题目来分享自己的教学经验。第一个是 2015 年、2016 年的毕业设计题目，笔者把它叫做"重设水井坊"，来自笔者在家琨建筑设计事务所做建筑师时参与设计的水井坊遗址博物馆的真实项目[①]。另外一个是由笔者发起，与西南交通大学建筑与设计学院的师生联合执行的 2016 年短期联合教学工作营，研究对象是成都一条著名的美食街建设巷，我们把它取名为"吃透建设巷"。这两个题目的选取并非随意，一个代表了大纲要求内的传统设计题目，围绕着遗产保护与扩建、生产与展示、建筑与城市等多重现实要求展开，是以成都平原上的川酒文化的地域文化为背景的真实建筑设计题目；另一个是大纲要求外的实验性教学题目，围绕成都的日常生活和街头文化等城市议题展开，关注的是成都街头商业空间界面与多样化的日常生活行为之间的关系，借助"建筑考现学"的研究方法对学生加以空间观察的训练。

"重设水井坊"具备一个毕业设计题目要求的综合性和复杂性：基地位于成都的历史保护街区，内有明清时期的酒窖和酿酒作坊遗址、民国时期的厂房、古井和牌坊等需要保护，而旧有厂房又在持续酿酒生产。真实的任务书没有传统教学任务书中详细的房间功能、数量和面积的要求，只有一个大致的分区功能和各区的规模，以及生产流线和展示流线的要求。这就要求学生根据项目中所面临的遗址保护、改扩建、生产工艺、参观展示、研究办公、商业发布等真实的需求去生成更详尽的任务书。这个题目同时还存在需要用设计策略加以回应的三对潜藏关系，即城市文脉与建筑语言、文物建筑与扩建建筑、参观流线与生产流线之间的关系。尤其在第一对关系中，城市文脉经历了巨变：从 2008 年到 2013 年，基地周边原有的传统成都民居被陆续拆掉，取而代之的是现代化的高端楼盘和商业街区，到了 2015 年，学生面对这个十分现代的"城市历史街区"时会发现，原本真实的博物馆建筑屋顶采用了化整为零的双坡顶形式，是为了缝合 2008 年基地南侧和西侧两片残存的传统民居肌理，而现在民居已经不复存在，现代化的商业街区和高档楼盘成为新的城市文脉（图1），如何用自己的建筑语言去回应这样的环境巨变，从而通过水井坊博物馆的设计构想来尝试回应中国城市的巨变所面临的这种尴尬：如何让建筑语言既承载过去的历史印

---

① 经刘家琨老师同意，把这个项目的任务书和前期资料用作毕业设计教学。建成项目背景请参见：刘家琨，蔡克非，华益，等. 水井坊遗址博物馆[J]. 建筑学报，2014（3）：14-20.

记，又满足当下博物馆的综合性功能，还能够适应未来几十年城市的变迁？笔者想，这是一个2008年的题目放到2015年教学中使用时，必须正视并思考的问题，因为现实条件永远是动态变化的。

建筑整体规模指标

博物馆规划净用地面积（不含代征地）：12150 m²

总建筑面积：8000-9000 m²

容积率：0.6-0.8

总建筑密度：不大于50%

绿地率：不小于15%

建筑檐口高度不得超过12m

建筑屋顶高度（已有文物除外）不得超过16m

功能分区

1. 门厅与序厅：500 m²

2. 遗址发掘与出土文物保护展示区：1800 m²

3. 非物质文化与工业文明遗产保护展示区：1900 m²

4. 酒文化与地方文化展示与研究区：2500 m²

附件

1.《水井街酒坊遗址保护规划》图纸与说明

2.《水井坊博物馆生产区，传统酿酒作坊布局与相关设置要求》

3. 水井坊历史街区总平面图

4. 水井坊文物遗址区测绘资料

图1　水井坊遗址周边城市环境变化与任务书条件
资料来源：家琨建筑设计事务所

在具体的教学中，我们强调理论思考与设计实践的互补作用，具体采用现场体验+文献阅读、案例分析+文本阅读、设计操作+论文研究的方式来贯穿整个设计辅导。面对建筑师刘家琨的建成作品，学生的提案并未过多地受到优秀建筑师作品的限制，学生有各自擅长的能力和方向，他们通过自己的设计和论文去尝试提出其他的可能性，而从他们的毕业设计中可以隐约看到他们未来的人生轨迹，举两个例子。2010级韩宇同学的《拼贴水井坊》（图2），他用拼贴的空间和语言去表达对于这个题目的理解，正图视觉呈现的魅力大于建筑设计本身的价值，而他后来也凭借该作品集的不俗表现收到了加州大学洛杉矶分校建筑系的录取通知书。再如，2011级徐兵同学的《记忆再现》（图3），他详细考察并复原了水井坊厂房周围原有的民居肌理，从中梳理出街巷和院落等公共空间，以使扩建建筑既能承载原有城市记忆，又能符合当代建筑规范和城市管理条件。他还针对建筑的材料构造做了细部设计，这样的图纸细度虽然不及真实项目中的施工细度要求，却符合他对自己要成为一名职业建筑师的规划。

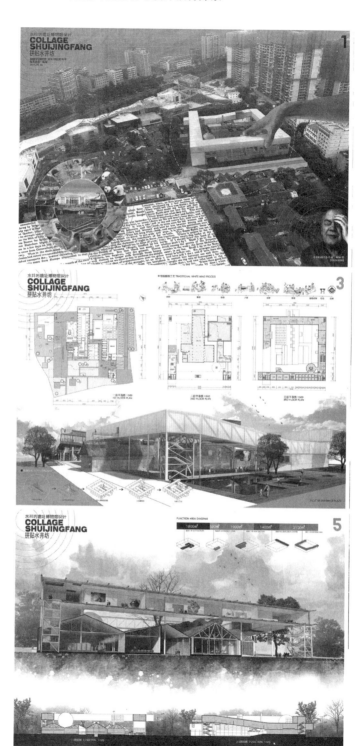

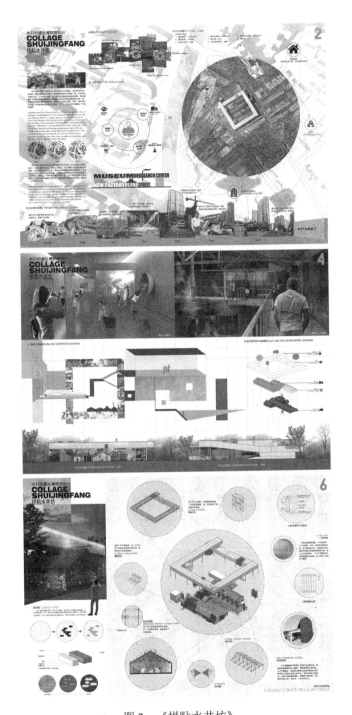

图 2 　《拼贴水井坊》
资料来源：2010 级建筑系韩宇，指导老师陈琛，该同学现就读于
加利福尼亚大学洛杉矶分校建筑系

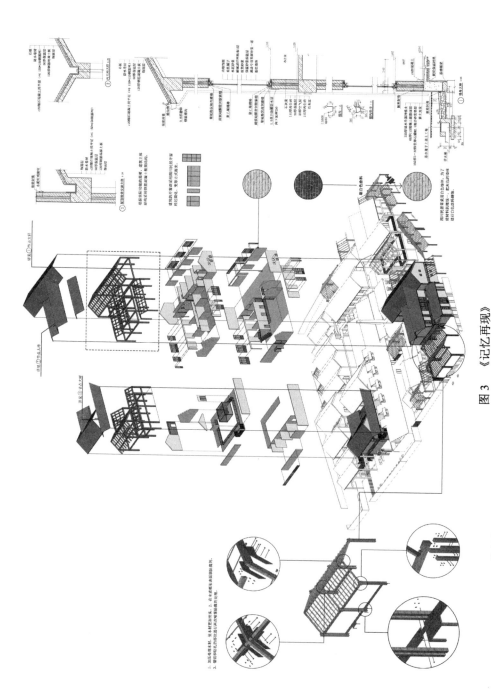

图 3 《记忆再现》

资料来源：2011 级建筑系徐兵，指导老师华益，该同学现在成都相对建筑设计有限公司建筑师

我们首次在建筑与设计学院内建立了优秀毕业设计公开评图活动，邀请了一些年轻、有经验、有想法的建筑师加入我们的教学，也欢迎低年级的学生观摩，该活动本意是借助这些建筑师的专业视角来影响学生。在实际的公开评图活动中，我们发现这个活动更是对专业能力突出者的一种奖励，在他们即将毕业走向社会前，给他们一种专业阶段学习完满、可以自信走向新未来的仪式感（图4）。我们还选取了一些优秀方案和论文发表在建筑与设计学院学生学术杂志《合造志》上（图5），这有助于给低年级学生树立一个可见的标杆：你的毕业设计和论文也可以这样好，甚至更好。

图4　2015年毕业设计公开评图活动海报与现场

图5　学生学术杂志首刊《合造志》封面与目录

"吃透建设巷"是笔者和西南交通大学张宇老师、詹世鸿老师执行的联合教学短期工作营（图6），研究对象是成都的一条传奇的美食小巷：一幢20世纪80年代的板式住宅楼底层，短短的60多米长度内汇集了24个铺面，而每个铺面面宽只有3米左右，其中不乏网红美食店，每天高峰期有上百号人在街边心甘情愿地排队用餐直到深夜。显然，这足以体现成都人对于美食的热衷。张宇和笔者是成都人，詹世鸿是台湾人，都对美食有浓厚兴趣，这个案例自然让我们很是兴奋，我们想通过一次教学实验尝试解答藏在建设巷背后的空间秘密。

图6 "吃透建设巷"项目成员招募海报

通过公开招募，我们在西南民族大学和西南交通大学一共选择了16名项目成员，涵盖建筑、景观、规划三个专业，包括一年级到研究生等多个年级。课外教学十分依赖项目本身的趣味性和参与者的动机。我们要求报名者提交简历，从后来成员实际的参与度看来，这种方式帮我们提前过滤掉了部分动机不够充足的报名者。我们把16名学生分为8对，配对原则为专业、性别、年级、学校交叉搭配，以学生自身背景的差异性刺激他们的相互比较和交流。分组的指令传达看似随机，实则有些"心机"：我们选取了8个象形文字，声明提前随机发放至各位成员邮箱，在首次讨论课上，大家才会发现谁是与自己拿到相同文字的人，并以此完成配对。接下来短暂的讨论要求他们猜测手里的象形文字对应哪一个现代汉字，并说出理由。学生很快意识到这些象形文字都与屋檐空间和人的行为紧密相关，就像一个个檐下空间的剖面图解（图7）。我们采取了T2P（teacher to pair）的交流模式，学生与教师的交流内容依赖于两个参与者相互讨论、共同思考的结论，其优势在于保持每一个成员的参与体验。T2P模式回避了传统的T2T（teacher to team）模式的弊端：一个团队中总会存在边缘角色，他们的存在会损伤团队核心成员的参与体验，也会影响团队成果质量；T2P 模式也避免了 O2O（one to one）模式中教师、学生一对一常见的交流尴尬：当教师和学生之间的认知偏差过大，又缺少第三者起缓冲调和作用时，交流容易产生困难，从而导致其中一方妥协甚至放弃，损伤参与者的体验。

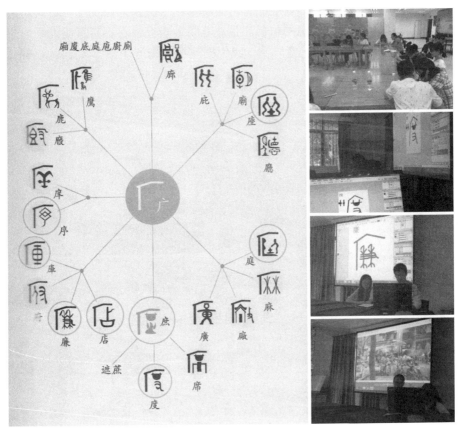

图 7   "吃透建设巷"象形文字分组配对与现场讨论

我们借鉴了美国大学课堂中常见的 lecture-seminar（讨论课）和 on-site-class（现场课）授课形式，把课堂讲座、讨论课与现场课进行紧密结合、穿插进行。为了保证执行效率和授课效果，我们制定了详细的日程安排（图 8）。讨论课上教师需要注意的是以提示或引导的方式进行启发式教学，让学生在课堂上通过及时观察和讨论进行反馈（图 9）。现场课强调的则是鼓励参与者全身心地投入研究对象的现象中，通过"吃"这个行为沉浸式体验研究对象（图 10）。"吃"的方式具有观察访问取代不了的优势：第一天的"吃"，学生会忘我地参与到"吃什么、先吃什么、后吃什么、排队的时候还可以顺便吃点什么"等一系列的食客行为之中，我们对他们唯一的要求是必须和自己的搭档一起行动。第一天看似毫无研究任务的现象体验，却为我们带来了珍贵的一手数据。在第三天的讨论课上，我们通过要求每组学生回忆第一天吃的路径、小吃的价格、每组人均价格，获得了一张美食路径表，从 8 组美食路径回忆情况统计中可以隐约看出建设巷美食店受欢迎程度的原因，不同店面在业态上形成互补配合关系，以及定价与人均消费水平等通过观察访问无法得出的信息。也就是说，研究者在不带有明确研究任务的沉浸式体验下，成为被研究者本身，我们把这个研究方法称作 self-research（自我研究）（表 1 和图 8~图 10）。

图 8 "吃透建设巷" 讨论课展示

图9 "吃透建设巷"现场课展示

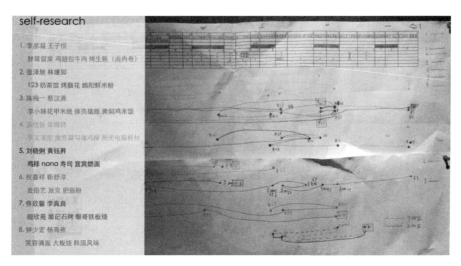

图10 "吃透建设巷"讨论课上各小组吃的路径回忆图表

表1 "吃透建设巷"项目日程安排

日期	时间	地点	交通方式	教学活动	学生	教师	费用
2016/6/4 星期六	12:30~14:00	交大新校区-民大新校区	叫专车	—	10名	张	交大公费交通
	14:00~17:00	民大新校区	—	讨论课"如何观察城市空间"	16名	詹、张、华	—
	17:00~18:00	民大新校区-建设巷	包车	—	16名	詹、张、华	民大公费交通
	18:00~20:00	建设巷	步行	现场课"吃的体验"	16名	詹、张、华	各人自理
	20:00以后	建设巷-交大新校区	公交+地铁	—	10名	—	各人自理
		建设巷-民大新校区	包车	—	6名	—	民大公费交通
2016/6/5 星期日	10:00~11:00	交大新校区-建设巷	叫专车	—	10名	张	交大公费交通
		民大新校区-建设巷	包车	—	6名	华	民大公费交通
	11:00~17:00	建设巷	步行	现场课"饮食空间的测绘"	16名	詹、张、华	各人自理
	17:00以后	建设巷-交大新校区	公交+地铁	—	10名	—	各人自理
		建设巷-民大新校区	包车	—	6名	—	民大公费交通
2016/6/9 星期四	13:00~14:00	民大新校区-交大新校区	包车	—	6名	华	民大公费交通
	14:00~17:00	交大新校区	—	测绘成果汇报+讨论课	16名	詹、张、华	—
	17:00~18:00	交大新校区-建设巷	包车	—	16名	詹、张、华	民大公费交通
	18:00~21:00	建设巷	步行	现场课"人的活动与空间利用"	16名	詹、张、华	各人自理
	21:00以后	建设巷-交大新校区	公交+地铁	—	10名	—	各人自理
		建设巷-民大新校区	包车	—	6名	—	民大公费交通
2016/6/10	12:30~14:00	交大新校区-民大新校区	叫专车	—	10名	张	交大公费交通
	14:00~17:00	民大新校区	—	"人的活动"汇报+讨论课	16名	詹、张、华	—
	17:00~18:00	民大新校区-建设巷	包车	—	16名	詹、张、华	民大公费交通

续表

日期	时间	地点	交通方式	教学活动	学生	教师	费用
	18:00~20:00	建设巷	步行	现场课"时间线索下的空间"	16名	詹、张、华	各人自理
2016/6/10		建设巷-交大新校区	公交+地铁	—	10名	—	各人自理
	21:00以后	建设巷-民大新校区	包车	—	6名	—	民大公费交通
2016/6/11星期六	14:00~16:00	地点待定	—	总成果公开汇报	16名	詹、张、华	—

说明：第一周（6月4日~5日）周六上午、周日晚上，第二周端午假期（6月9日~11日）三个上午，不做安排，可自由活动

在短短的五天的时间内，16名学生绘制出了整个板式住宅底楼的拼合平面和24个铺面的剖面（图11）。从学生课后填写的课程反馈意见表来看（图12），

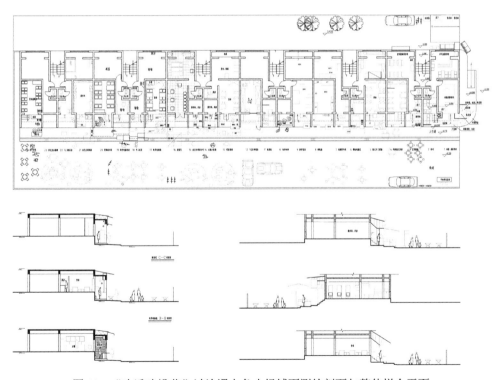

图11 "吃透建设巷"讨论课上各小组铺面测绘剖面与整体拼合平面

这个以吃为调研媒介的"建筑考现学"①（modernology）训练让学生意识到空间与日常生活变迁之间的密切关系，对于看似杂乱、毫无设计痕迹的城市日常空间也产生了新的认识。反馈意见表帮助我们总结了这次教学中保证教学效果的几条经验。①对学生进行动机筛选，并在整个教学过程中注重维护学生的体验。②引导研究者借用"建筑考现学"的方式观察案例，连续四天"吃"的田野调查每一次信息采集的任务难度都有明确的推进，从第一天的现象体验和体验回忆到第二天空间固定要素的测绘，再到第三天行为与空间可变要素的观察和记录，最终到第四天关注不同时间尺度下的空间变迁线索。③要控制、要克制，"要控制"指的是教学目标要明确，将任务的完成时间进行适当压缩，以制造适当的紧迫感；"要克制"则是说教师在教学中不要旁征博引，更不要轻易评判学生的想法。

Students Feedback Form
2015 – 2016

*括号里所列举的内容只作为提示，不需要在回答中全部涉及。

Items	What do you like about the course? 你喜欢的方面？	How can it be improved? 你觉得可以改进的方面？
1. Content of the course (such as the relevance, the difficulty, the completeness, and etc.) 授课内容 （例如：内容相关性，难度如何，完整性如何，等等）	喜欢老师像福尔摩斯一样由人的行为、房屋现状推测房屋的初始状态、改造原因、房屋现在的使用情况。	老师除了可以将自己的经验介绍给同学们以外，还可以针对每个同学在整个活动中的情况，针对其研究方法提出自己的意见。
2. Overall design of the course (such as the length, the intensity, office hour, home assignment, reading material, course requirement, and etc.) 课程设计 （例如：授课的时长，答疑时间、强度，阅读材料，作业要求，等等）	阅读材料针对性很强，老师讲解也很全面，作业要求很具体，强度适中。	时间设计得太仓促了，且接近交图周，大家的精力较为分散，阅读材料有一点少，老师可以推荐一些拓展阅读的资料。
3. Teaching Method of the course (such as student participation, case study, in-class discussion, off-class interaction, and etc.) 讲课方式 （例如：学生参与度，是否有案例分析，课堂讨论，课下互动，等等）	大家都有参与到整个活动中，且能感受到边学边玩的快乐，老师也那是很有意思的老师，老师和同学一起参与调研，我可以学习到切合实际的调研方法。	无
4. Any other comments on the course 其他任何对此次课程的评价？	其他各个方面我都很喜欢，主要是时间安排导致自己精力有点吃不消。	
5. Your thoughts, comments, or suggestions on the OYCF Teaching Fellowship Program 你对这种短期实验课程的看法？	喜欢，值得推广，这次实习告诉我，要想成为一个好的建筑师必须得先学会生活，发现细节，生活是最好的老师。	

（a）

---

① 建筑考现学由日本建筑教育家今和次郎提出，是日本的一个现代学派，它关注现代城市生活现象，采用的是一种基于精细观察记录并分析城市景观以及人的生活方式变化的方法。参见：刘文豹，许懋彦. 今和次郎与考现学[EB/OL]. http://www.360doc.com/content/17/0905/05/90165_684656504.shtml[2017-09-05].

Students Feedback Form
2015 – 2016

*括号里所列举的内容只作为提示，不需要在回答中全部涉及。

Items	What do you like about the course? 你喜欢的方面？	How can it be improved? 你觉得可以改进的方面？
1. Content of the course (such as the relevance, the difficulty, the completeness, and etc.) 授课内容 （例如：内容相关性、难度如何，完整性如何，等等）	通过与建设巷有关的蒙书以及跟城市有关的照片开启课程，趣味十足；在实际测绘的过程中，边吃边学边交流，参与性强；学习的同时会发现与首次讨论课（汉字相关的部分，授课完整最后成果汇报部分也很精彩。	在现场课的时候可以增强组与组之间的沟通，使得各组之间的想法可以相互碰撞！得到更深的学习。
2. Overall design of the course (such as the length, the intensity, office hour, home assignment, reading material, course requirement, and etc.) 课程设计 （例如：授课的时长，答疑时间、强度，阅读材料，作业要求，等等）	对有疑问的地方及时进行讨论与交流；作业要求将测量的店面的平面图剖面图画出，使我们得到更深层的理解。	有机会的话课程天数可以增多，使有更充足的时间去核对材料和准备。
3. Teaching Method of the course (such as student participation, case study, in-class discussion, off-class interaction, and etc.) 讲课方式 （例如：学生参与度，是否有案例分析，课堂讨论，课下互动，等等）	都是以学生为主体，讲解文字与图片，现场实际测绘，参与度高获得收获多；课堂讨论可以及时解决旧问题发现新问题，方便及时做调整和处理；案例分析可以对研究的对象进行部分了解。	课下大多数的互动其实是同组成员之间，可考虑扩大范围，更多的人一起参与讨论和互动。
4. Any other comments on the course 其他任何对此次课程的评价？	喜欢这次活动，让我对空间、城市以及其他方面都有了新的认识与了解。同时认识了一些新的伙伴，从他们的身上也学习到了很多东西，看到了自己的不足还有努力的方向！	
5. Your thoughts, comments, or suggestions on the OYCF Teaching Fellowship Program 你对这种短期实验课程的看法？	也许有部分是短期的原因，给人更强的参与感与紧迫感，通过几天的时间获得了更多的知识，喜欢这样的课程，也希望以后有更多的机会参与。	

（b）

Students Feedback Form
2015 – 2016

*括号里所列举的内容只作为提示，不需要在回答中全部涉及。

Items	What do you like about the course? 你喜欢的方面？	How can it be improved? 你觉得可以改进的方面？
1. Content of the course (such as the relevance, the difficulty, the completeness, and etc.) 授课内容 （例如：内容相关性、难度如何，完整性如何，等等）	课程形式新颖，走出课堂，亲身感受体验空间与界面，带给学生的感受更为生动、具体、直观。以"吃"的形式感受建筑，更增加了课堂的趣味性。	可以不仅仅局限于一条建设巷，带学生们体验各种不同的饮食空间，让学生们在真实亲身感受，比较分析，会对其有更全面更宏观的感受理解。
2. Overall design of the course (such as the length, the intensity, office hour, home assignment, reading material, course requirement, and etc.) 课程设计 （例如：授课的时长，答疑时间、强度，阅读材料，作业要求，等等）	授课时长五天，答疑随时穿插在课堂之中。强度不算大。	作业要求不是很具体。
3. Teaching Method of the course (such as student participation, case study, in-class discussion, off-class interaction, and etc.) 讲课方式 （例如：学生参与度，是否有案例分析，课堂讨论，课下互动，等等）	讲课方式有在教室里的讨论，也有在实地考察时的授课，学生时刻都参与其中。	由于学生分居两地，课下互动的内容不多。
4. Any other comments on the course 其他任何对此次课程的评价？	感觉很棒，让学生们娱乐和工作同时进行，课程才没有那么枯燥乏味，授课不再只是纸上谈兵。增加了学生之间的交流，让学生互相了解彼此的看法，又增进了学生之间合作交流的能力。但是成果不是很明显，在做的过程中有点迷茫，有点不清楚我们的目的是什么。	
5. Your thoughts, comments, or suggestions on the OYCF Teaching Fellowship Program 你对这种短期实验课程的看法？	我认为这种短期实验课很有必要多搞几次，让学生真正接触，亲身体验，从单纯的纸上设计转到实际生活中感受，学生对建筑的理解才能更深刻，更实在。	

（c）

图12 "吃透建设巷"学生意见反馈表

2017 年，我们对建设巷进行了回访，发现和一年前记录的建设巷相比，随着其周边环境、铺面业态的变化，饮食空间氛围也发生了新的变化，就像希腊哲学家赫拉克利特（Heraclitus）说的"人不能两次踏进同一条河流"一样。2017 年的建设巷也不再是 2016 年的建设巷，这恰恰体现了"建筑考现学"的价值和魅力。和建设巷一样，水井坊博物馆周边的城市环境也经历着急剧的变化。2015 年的水井坊早已不再是 2008 年的水井坊，这再次印证了赫拉克利特辩证的哲学观。而水井坊以白酒文化代表的"饮"，建设巷以美食文化代表的"食"，加在一起组成的"饮食"二字，正代表了成都的城市特质，就像我们提到北京，会想到"权力"，提到上海，会想到"现代"一样。每个地方都有自己的独特性，这样的思路有助于我们把教学充分地地域化，而不是去攀附带有美化和想象意味的标准题目。另外，实践—研究—教学的结合，则可以帮助我们充分利用有限的资源，避免把教学变成枯朽的无本之木。

参 考 文 献

华益. 2017. 饮食·成都——城市日常文化视野下的建筑学教学探索[R]. 西藏大学.

凌克戈. 2015. 这才是建筑师最好的时代[EB/OL]. http://www.archcollege.com/archcollege/2015/09/20426. html[2018-09-07].

刘家琨, 蔡克非, 华益, 等. 2014. 水井坊遗址博物馆[J]. 建筑学报, (3): 14-19.

梁井宇. 2014. 平凡建筑的平凡之美——刘家琨设计的成都水井坊博物馆[J]. 时代建筑, (1): 84-91.

褚冬竹. 2014.退让的力量——成都水井坊博物馆观察暨建筑师刘家琨访谈[J]. 建筑学报, (3): 14-23.

西南民族大学城市规划与建筑学院. 2016. 水井坊博物馆设计[J]. 合造志, (1): 26-51.

刘文豹, 许懋彦. 2017. 今和次郎与考现学[EB/OL]. http://www.360doc.com/content/17/0905/05/ 90165_684656504.shtml[2018-09-07].

今和次郎, 藤森信照. 2016. 考现学入门[M]. 东京: 筑摩书房.

赤濑川原平, 藤森信照, 南伸坊. 2014. 路上观察学入门[M]. 东京: 筑摩书房.